Charles Darwin

Charles Darwin: And the Evolution Revolution
Copyright ⓒ 1996 by Rebecca Stefoff
All rights reserved.
Korean Translation Copyright ⓒ 2025 By BADA Publishing Co., Ltd.
Charles Darwin: And the Evolution Revolution was originally published in English in 1996. This translation is published by arrangement with Oxford University Press through Imprima Korea Agency. BADA Publishing Co., Ltd. is solely responsible for this translation from the original work and Oxford University Press shall have no liability for any errors, omissions or inaccuracies or ambiguities in such translation or for any losses caused by reliance thereon.

이 책은 Imprima Korea Agency를 통한 Oxford Publishing Ltd.사와의 독점 계약으로 (주)바다출판사에서 출간되었습니다. 저작권법에 의해 한국 내에서 보호를 받는 저작물이므로 무단 전재와 복제를 금합니다.

과학자는 어떻게?

다윈

어떻게 진화를 알아냈을까?

레베카 스테포프 지음
이한음 옮김

바다출판사

목차

❶ 비글호 항해를 시작하다   8

언제나 "왜?"라는 질문을 끊임없이 던지던 다윈. 다윈은 비글호를 타고 갈라파고스 제도를 탐험하면서 그곳에서 채집한 표본들이 자연의 비밀을 풀어 줄 열쇠라고 생각했다. 즉 '이 지구상에 새로운 존재가 어떻게 처음 나타났는가' 하는 엄청난 신비를 탐구하기 시작한다.

❷ 의사에서 신부로, 신부에서 자연사학자로   38

아버지의 뜻대로 의사가 되기 위한 공부를 시작한 다윈. 하지만 의학 수술실에서 환자의 고통스런 모습을 보고 뛰쳐나온다. 그 뒤 다시 아버지의 뜻대로 신부가 되기 위해 공부하지만, 다윈은 자연에 대한 끊임없는 호기심으로 딱정벌레 수집에 몰두하게 된다.

❸ 비글호의 자연사학자로 승선한 찰스 다윈   64

다윈의 인생을 바꾸어 놓은 편지 한 통. 다윈은 길이가 겨우 27미터밖에 되지 않지만 멋진 함선인 비글호를 타고 역사상 최고의 과학여행을 떠난다. 5년 동안 항해하면서 그는 앵무새, 야자수, 거미, 이구아나, 생물화석 등 미지의 종들에 흠뻑 빠져 지낸다.

④ 인류의 기원을 파헤진 《종의 기원》　　92

집으로 돌아와 엠마 웨지우드와 결혼한 다윈. 다윈은 그동안의 비글호 항해를 정리하면서 《비글호 항해의 동물학》《비글호 항해의 지질학》을 출간한다. 이를 계기로 종의 기원 문제를 진지하게 고민하기 시작하면서 진화론과 자연선택에 관한 생각을 정리한다.

⑤ 생물진화론의 험난한 탄생　　126

진화론에 관한 자신의 생각을 정리한 다윈. 하지만 진화론을 세상에 공개하길 주저한다. 대신 따개비에 대한 세밀한 연구서 네 권을 출간, 따개비에 관한 세계적인 권위자로 인정받는다. 그사이 윌리스라는 젊은 학자가 종의 진화 문제에 대한 논문을 다윈에게 보내오고, 더 이상 자신의 자연선택이론 발표를 미룰 수 없게 된다. 그리고 드디어 1859년 11월, 다윈은 《자연선택에 의한 종의 기원에 관하여》를 출간한다.

⑥ 창조론과 진화론의 끊임없는 갈등　　170

다윈이 발표한 '생명의 진화'를 둘러싼 논쟁은 지금도 계속되고 있다. 가장 완고하게 다윈주의를 반대하는 것은 종교였으며, 창조론자와 진화론자는 지금까지도 끊임없는 갈등을 겪고 있다.

1835년 9월 15일,
'비글호'라는 이름의 그리 크지 않은 배가
태평양의 적도 부근에 흩어져 있는 섬들을 향해 출항했다.
1831년 항해도 개량을 위해 영국을 떠난 지
4년여가 지났을 무렵이었다.
섬들은 남아메리카 서부 해안에서
약 1,000킬로미터 떨어져 있었다.

1
비글호 항해를 시작하다

남아메리카의 남단 티에라델푸에고 부근에 도착한 비글호 다윈은 그 거칠고 황량한 풍경을 보고 "이보다 더 칙칙한 풍광은 본 적이 없었다"라고 썼다.

비글호 갑판에서는 '찰스 다윈'이라는 한 젊은 과학자가 육지가 나타나기를 손꼽아 기다리고 있었다. 그러나 첫 번째 섬이 보이기 시작했을 때, 그는 무척 실망했다. 일기에 "그 섬은 처음으로 나타났다는 것말고는 마음에 드는 게 아무것도 없었다"라고 썼을 정도였다.

섬은 깊게 갈라진 협곡들 사이로 울퉁불퉁하게 솟아오른 검은 화산암들이 펼쳐진 모습이었다. 그리고 잎도 없는 몇몇 왜소한 덤불들만이 그 섬에도 생명체가 있다는 것을 보여 줄 뿐이었다. 비글호 선장인 로버트 피츠로이는 이 뜨겁고 황량한 섬을 지옥에 비유했다. 다윈은 이렇게 기록해 놓았다.

"메마르고 바짝 마른 땅이 한낮의 햇볕에 달아올라, 공기는 마치 난로 옆에 있는 것처럼 답답하고 무겁게 느껴졌다. 덤불들조차 불쾌한 냄새를 풍기는 것 같았다."

이것이 바로 다윈이 갈라파고스 제도를 본 첫 느낌이었다. 그러나 황량하고 어떤 생명체도 없을 것 같이 보였던 이 섬들이 다윈의 연구에서 가장 중요한 역할을 했다. 그의 연구는 지구라는 행성에 사는 생명을 이해하는 방식에 혁명을 불러일으켰다.

갈라파고스 제도
남아메리카 동태평양에 있으며, 16개의 섬과 암초들로 이루어져 있다. 이 제도에는 큰 거북들이 많이 살고 있었는데, 거북을 스페인어로 '갈라파고스'라고 한다.

자연 관찰 연구에 풍부한 열정을 가진 다윈

영국 정부는 해군이 사용하는 항해도를 개량하기 위해

서 비글호와 선원들에게 세계 일주 항해를 맡겼다. 비글호의 피츠로이 선장은 수많은 해안과 항구를 조사해야 했다. 거기엔 바다 한가운데 고립되어 있던 갈라파고스 제도도 포함되어 있었다. 비공식적으로 그 항해에 참가하고

갈라파고스 제도의 거대한 거북

있던 스물여덟 살의 다윈도 갈라파고스 제도에 발을 디뎠다. 그는 그 일을 계기로 피츠로이 선장보다 더욱 뛰어난 업적을 남기게 된다.

다윈은 자연사, 즉 지구와 그곳에 사는 모든 것들을 연구하는 일에 열정을 품고 있었다. 피츠로이 선장과 선원들이 열심히 갈라파고스 제도의 지도를 작성하는 동안, 다윈은 그 섬들에 살고 있는 식물과 동물을 연구했다. 그가 관찰하거나 채집한 표본들 중에는 그때까지 학계에 알려지지 않은 것들도 많았다. 갈라파고스 제도의 생물들 중 널리 알려져 있었던 것은 코끼리거북뿐이었다.

16세기 스페인 뱃사람들은 느릿느릿 움직이는 이 거대한 거북의 이름 '갈라파고스'를 따서 섬들의 이름을 붙였다. 나중에 이 코끼리거북 수만 마리는 선원들의 식량이 되었다.

갈라파고스 제도의 거대한 거북들
다윈은 거북 등딱지의 다양한 형태를 보고, 그것이 '어떻게 다른 종이 형성되는가'의 신비를 풀 단서임을 알았다.

살아 있는 신기한 세계, 갈라파고스 제도

스페인 사람들은 갈라파고스 제도를 '라스 이슬라스 엔칸타다스'라고 부르기도 했는데, '매혹의 군도'라는 뜻이다. 그 섬들이 마치 마법의 힘으로 움직이는 것 같았기 때문에 붙인 이름이었다. 젊은 과학자 다윈은 이런 움직임의 정체가, 빠르고 강력한 해류가 섬들 사이로 흘러 섬에 접근하기 어려웠기 때문에 느끼는 환상이라는 것을 알았다. 한 달 동안 섬에서 지내면서 그는 그곳의 매력에 흠뻑 빠졌다.

다윈이 처음 탐험한 섬은 채텀이었다.(다윈이 살던 시대에는 섬을 영국식 이름으로 불렀는데, 오늘날에는 스페인식 이름인 '산크리스토발'이라고도 부른다.) 다윈은 해변을 조사했다. 그 섬은 화산에서 분출된 날카로운 화산암들로 이루어져 있었는데, 땅이 너무 뜨거워서 부츠를 신은 발이 화상을 입을 정도였다. 하지만 섬에 도착해서 주변을 둘러본 그는 멀리서 보았을 때 느꼈던 것처럼 황량하지만은 않다는 것을 알 수 있었다. 섬 주변의 바다에는 상어를 비롯한 어종이 풍부했는데, 비글호 선원 하나가 낚싯대를 드리우자마자 물고기들이 떼지어 몰려들 정도였다.

또 해변에서 자라는 왜소한 덤불과 관목들도 모두 잎이 없는 것은 아니었다. 활짝 피어 있는 꽃도 있었다. 하지만 잎과 꽃들은 다윈이 그때까지 보았던 것들보다 훨씬 작았다. 선인장도 여기저기에서 자

화산암
마그마가 지구의 표면 또는 지하의 얕은 곳에까지 올라와 뭉쳐서 굳은 암석.

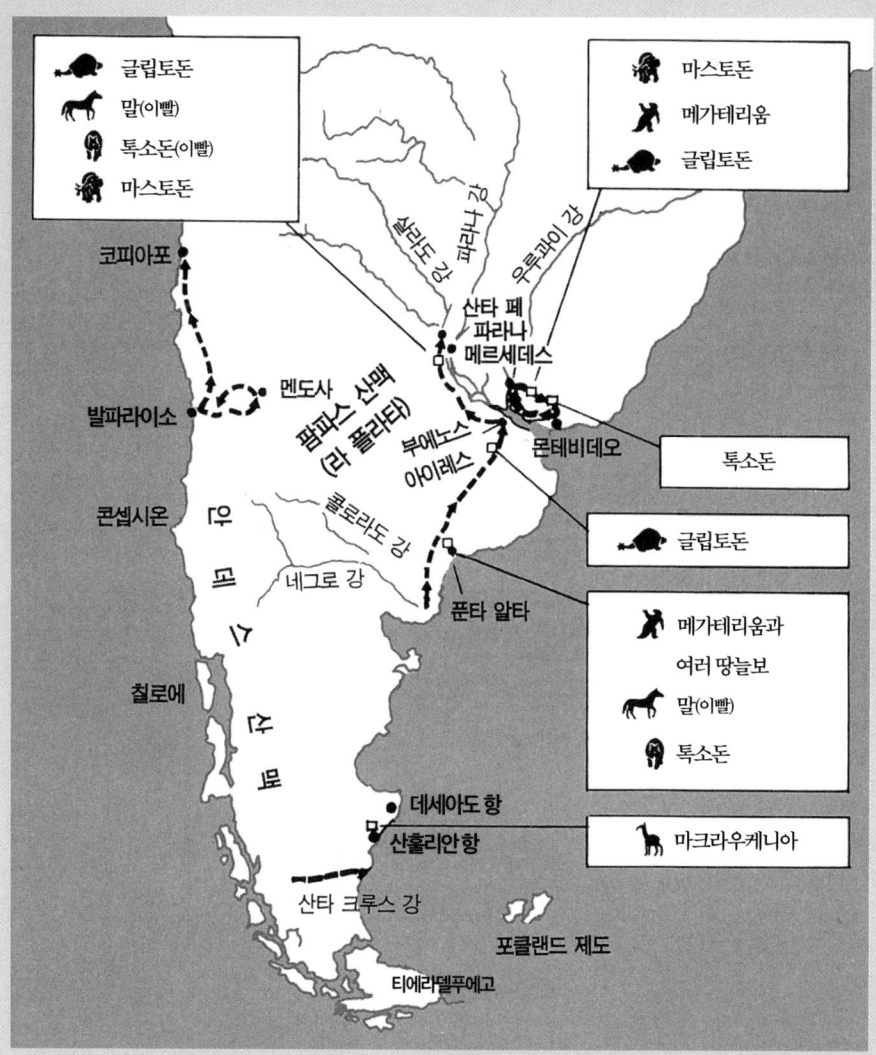

비글호가 닻을 내릴 때마다 다윈은 화석을 찾아서 해안 지대를 탐사했다. 이 지도는 다윈의 답사 여행 경로와 멸종된 포유류의 화석이 발견된 장소를 보여 준다.

라고 있었는데, 그중에는 태양을 피할 수 있는 그늘이 될 만큼 큰 것들도 있었다. 배에서 보았을 때 텅 빈 듯한 해안에는 '쉬쉬' 소리를 내며 기어다니는 생물들로 가득했다. 거대한 검은 도마뱀들이 바위 위에 웅크리고 있었고, 작은 진홍색 게들이 먹이를 찾아 도마뱀 사이를 쉼 없이 돌아다니고 있었다.

섬에 길을 만든 거북들

다윈과 그의 조수 심스 코빙턴은 섬 안쪽으로 들어가다가 언덕으로 이어지는 잘 닦인 넓은 길을 발견했다. 그 길을 따라가던 그들은 누가 그 길을 만들었는지 알게 되었다. 거북들이었다.

거북들이 오랜 세월 섬을 왕복하다 보니 넓은 길이 만들어진 것이다. 다윈과 코빙턴은 자신들을 향해 '쉬쉬' 소리를 내는 커다란 거북 두 마리와 마주쳤다. 거북들이 얼마나 큰지 다윈과 코빙턴이 함께 달라붙어도 뒤집을 수 없을 정도였다.

다윈은 거북 위로 올라가 흔들거리며 거북을 몰기 시작했다. 거북은 다윈이 올라타도 별 부담을 느끼지 않는다는 듯이, 가던 길을 계속 갔다. 거북을 몰아 본 다윈은 거북의 속도가 식사 시간까지 포함해서 하루에 6.4킬로미터라고 계산했다.

또 다윈은 "검은 화산암, 잎 없는 관목, 커다란 선인장에 둘러싸인 거대한 파충류들"이 일으키는 낯선 느낌도 기록해 두었다. 그는 꼭 원시 시대를 보는 것 같다고 말했다.

갈라파고스 제도의 다양한 섬들

채텀에서 거의 일주일을 보낸 뒤, 비글호는 찰스, 앨버말, 제임스 섬, 지금은 산타마리아, 이사벨라, 산살바도르라고 불리는 섬들로 갔다. 이 섬들에서도 다윈은 새로운 경험을 했다.

찰스섬은 갈라파고스 제도에서 유일하게 사람이 살고 있는 곳이었다. 섬의 주민들은 에콰도르 정부로부터 추방된 죄수들로, 대부분 정치범들이었다.

그 섬의 언덕 위쪽은 지나가는 구름 덕분에 어느 정도 습기를 보충받을 수 있어 저지대 해안보다 덜 황량했다. 화산암과 메마른 가지들에 질려 있던 그는 무성하게 자란 푸른 나무고사리들과 넓게 펼쳐진 진흙을 보고 기뻐했다. 다윈은 그 섬들이 화산 폭발로 형성되었음을 알 수 있었다.

앨버말섬에서는 화산에서 흘러나온 검은 화산암 분출물들을 보았다. 끓는 도가니에서 넘쳐흐르는 타르 같았다. 그 섬을

파충류

공룡에서 시작되어 지금의 옛도마뱀, 거북, 악어, 도마뱀, 뱀류 등 진화의 역사에서 척추동물의 중간 위치에 있다. 파충류는 포유류와 조류의 조상으로서 중요한 역할을 했다. 파충류의 피부는 각질의 표피로 덮여 있어 몸 안의 수분을 보존할 수 있어서 사막과 같은 건조한 지역에서도 살 수 있다.

만들어 낸 불은 꺼지지 않은 상태였고, 분화구는 계속 연기를 뿜어내고 있었다.

신선한 발견, 바다이구아나

다윈은 제임스섬을 철저하게 조사하기 시작했다. 그는 코빙턴과 몇몇 동료 선원들과 함께 해안에 천막을 친 뒤, 비글호가 다른 섬으로 물을 구하러 간 일주일 동안 섬을 탐험했다. 그동안 다윈은 해안에 살고 있던 커다란 검은 도마뱀들을 자세하게 관찰했는데, 바로 '바다이구아나'였다.

'바다이구아나'는 바다에서 헤엄을 치는 유일한 도마뱀이다. 다윈은 그들이 해조류를 뜯어먹기 위해 해안에서 바닷물 속으로 뛰어드는 모습이나, 몇 분 동안이나 잠수했다가 다시 햇볕을 쬐러 해안으로 나오는 모습을 지켜보았다.

그들과 사촌인 황갈색 '육지이구아나'는 몸집은 바다이구아나만큼 컸지만 전혀 다른 행동을 했다. 육지이구아나는 긴 발톱으로 땅에 굴을 파고 그 속에서 살면서, 선인장에 기어올라 즙이 많은 잎을 먹었다.

어느 날, 다윈은 굴속에 몸을 반쯤 들이민 채로 있는 이구

이구아나
대형 도마뱀으로 몸길이는 1.5~2m 정도다. 머리는 크고 꼬리는 전체 길이의 3분의 2나 된다. 등에서 꼬리까지는 조상인 공룡을 생각나게 하는 칼날과 같은 긴 삼각형의 장식비늘이 줄지어 있다.
이구아나는 약 700종이 있으며, 지금은 주로 남아메리카, 마다가스카르, 피지 섬에서 볼 수 있다.
갈라파고스 제도에 사는 바다이구아나는 오랜 진화의 역사를 지나면서 해안의 용암 지대에 모여 살게 되었고, 수로 해조류를 먹고 살게 되었다. 꼬리는 편평하게 생겨 헤엄치는 데 알맞다.

다윈은 바다이구아나를 '무시무시하게 보이는 생물'이라고 썼다. 그러면서도 물 속을 헤엄치는 이 특이한 도마뱀들을 자세히 연구했다.

아나 한 마리를 발견하고 다가가서 꼬리를 잡아당겼다. 다윈은 그 이구아나가 "깜짝 놀랐다"라고 기록했다. 그 이구아나는 "왜 내 꼬리를 잡아당기는 거야?"라고 말하는 것처럼 다윈을 돌아보았다.

갈라파고스 제도의 모든 동물들과 새들은 사람을 두려워하지 않았다. 일찍부터 새 사냥을 즐겼던 다윈은 이렇게 유순한 생물들을 한 번도 본 적이 없었다. 갈라파고스 제도의 새들은 그가 다가가도 놀라거나 도망치지 않았다. 심지어 그는 매에게 가까이 다가가 소총 끝으로 깃털을 쓰다듬기까지 했다. 다윈은 이 야생 동물이 거의 사람들을 본 적이 없어 두려움을 모르는 것이 아닐까 생각했다.

그러나 만일 방문객과 정착민들이 새나 동물들을 죽이게 되면, 미래 세대의 갈라파고스 야생 생물들은 인간에 대해 본능적으로 두려움을 갖게 될 것이다.

결국 유럽이나 아시아의 새와 동물들처럼 이 섬의 동물들도 겁이 생길 것이고, 사람을 보면 바로 달아나게 될 것이다.

지구상의 수많은 동물과 식물들은 어떻게 생겨났을까?

갈라파고스 제도에 머무는 동안, 다윈은 동물, 물고기, 새, 곤충, 식물, 조개 표본들을 가능한 한 많이 채집했다. 그리고 이 표본들을 연구를 위해 아주 조심스럽게 포장

표본
동물·식물·광물 따위 실물의 견본. 박제표본, 건조표본, 액침표본 등이 있다.

코끼리거북

황소거북이라고도 한다. 길이가 1m를 넘는 코끼리거북은 두 종류밖에 없는데, 하나는 알다브라코끼리거북이며, 다른 하나는 갈라파고스코끼리거북이다.
갈라파고스코끼리거북은 갈라파고스 제도에 살며, 섬에 따라 등딱지의 모양이 다른 13종류가 있다. 길이 1~1.2m이고, 몸무게는 200~300kg에 달한다. 주로 초원에서 살며, 얕은 물에도 들어가고, 선인장류를 먹는다. 또 갈라파고스안장코끼리거북도 있는데, 등딱지가 마치 말의 안장처럼 생겼다. 이 거북은 국제보호동물이다.

해서 영국으로 보냈다. 표본을 채집하고 포장하면서, 그는 놀라운 사실을 발견했다. 동식물 표본들 대부분이 다른 곳에서는 발견되지 않고 오직 갈라파고스 제도에서만 발견된다는 점이었다. 파충류, 새, 고사리 어느 것을 살펴보아도 고유종, 즉 오직 한 곳에서만 사는 동식물들의 비율이 무척 높았다.

이런 고유 동식물들은 남아메리카에서 발견되는 것과 비슷해 보이기도 했지만, 갈라파고스 종임을 구별해 주는 미묘하면서도 주요한 차이점들이 있었다. 다윈은 갈라파고스 제도의 종들이 그 자체로 작은 세계라는 것을 깨달았다.

다윈은 또 하나의 새로운 사실을 발견했다. 갈라파고스 제도의 동식물 종들이 가장 가까운 대륙인 남아메리카의 종들과 다를 뿐 아니라, 각 섬에 있는 동식물들끼리도 서로 다르다는 점이었다.

다윈이 이 사실을 처음 알게 된 것은, 섬의 부총독이 각 섬에 있는 거북들은 저마다 독특한 특징이 있기 때문에, 자신은 등딱지 모양과 무늬만 봐도 그 거북이 어느 섬에서 온 것인지 알 수 있다고 이야기했을 때였다. 다윈은 이 말을 기록해 두긴 했지만, 그 당시에는 그 말에 얼마나 중요한 뜻이 있는지 미처 알지 못했다.

갈라파고스 제도의 매
다윈은 영국에서는 작은 새가 큰 새들보다 더 길들어 있지만, 갈라파고스 제도와 같은 대양에서는 오히려 큰 새가 더 잘 길들어 있다고 《비글호 항해의 동물학》에 썼다. "이 새는 잘 길들어 있어서 사람이 사는 집을 마치 이웃집처럼 들락거린다."

몇 년이 지난 뒤, 그는 자신이 채집한 표본들을 다시 조사하면서 정말로 같은 동물이라도 섬마다 다르다는 것을 알았다. 이 관찰은 그가 '지구상의 수많은 동물과 식물들은 어떻게 나타나게 되었나' 하는 새롭고 원대한 생각을 하는 데 큰 도움을 주었다.

비록 갈라파고스 제도의 첫인상은 나빴지만, 비글호가 다시 항해에 나설 때가 다가오자 그는 정말로 떠나고 싶지 않았다. 그는 적도의 뜨거운 태양 아래서 차가운 남극 해류에 몸을 씻는, 그 고독한 섬들이 품고 있는 낯선 형태의 생물들에게 푹 빠지고 말았다. 그러나 비글호는 다른 곳에서 해야 할 일이 있었다.

10월 20일, 피츠로이 선장은 타히티를 향해 출항하라고 명령했다. 다윈은 제도의 진기한 것들을 미처 다 보지 못한 것을 서운해하며 이렇게 썼다.

"가장 흥미로운 곳을 발견하자마자 서둘러 떠나야 하는 것이 우리 항해자들의 운명이다."

다윈의 할아버지, 이래즈머스 다윈

찰스 다윈의 집안은 오래전부터 과학에 관심이 많았다. 그의 할아버지인 이래즈머스 다윈(1731~1802)은 영국 중부 도시인 리치필드에서 성공한 부자 의사였다.

이래즈머스 다윈은 그의 아버지로부터 화석과 자연사,

찰스 다윈의 할아버지인 이래즈머스 다윈은 의사이자 과학자이면서, 종의 기원에 관심을 가진 저술가였다. 이 주제는 그보다 훨씬 유명한 그의 손자, 다윈의 평생 연구 과제가 된다.

찰스 다윈이 어린 시절을 보냈던 집인 잉글랜드 슈루즈버리 부근의 마운트

특히 식물을 연구하는 학문인 식물학에 대한 호기심을 물려받았다. 그는 연구를 통해 지구상의 모든 생물은 서로 연관되어 있으며, 그들 모두가 하나의 근원에서 발생했다는 것을 확신했다. 다시 말해 그는 종이 진화했다는 확신을 가졌다. 수십 년 뒤, 손자인 찰스 다윈은 이 생각을 더욱 철저하게 탐구해 나갔다.

이래즈머스 다윈은 《식물원》(1790), 《동물법 또는 생물의 법칙들》(1794~96), 《자연의 신전》(1803) 등 자연사 책 여러 권을 썼다. 그는 다양한 분야의 책들을 읽었고 자연에 관심이 많았다. 손자인 다윈도 마찬가지였다.

또 이래즈머스 다윈은 기계 고치는 일을 좋아했고, 빨리 달리면서 방향을 바꿔도 뒤집히지 않는 마차와 새로운 형태의 풍차를 발명하기도 했다. 그는 영국의 지도적 위치에 있는 사상가들만이 회원이 될 수 있는 명성 있는 왕립학회의 회원이기도 했다. 그 뒤로 그의 집안은 6대에 걸쳐 이 학회의 회원이 되었다.

지식과 이성, 생각의 자유, 진보를 믿었던 달 협회

이래즈머스 다윈은 리치필드 지역에서 사상가 협회를 설립하는 데도 큰 역할을 했다. 그 협회는 회원들이 밤에 달빛을 받으며 집까지 갈 수 있도록 보름달이 뜨는 밤에 모임을 가졌기 때문에, '달 협회'라고 불렸다. 다윈과 회원들은 농

산업혁명

18세기 중엽 영국에서 시작된 기술 혁신과 이에 따른 사회, 경제 구조의 변혁을 말한다. 제임스 와트가 발명한 증기기관은 농업사회에서 공업사회로 바뀌는 산업혁명의 기초가 되었다.

담 삼아 스스로를 '미치광이들'이라고 불렀지만, 그들은 미친 것과는 거리가 멀었다. 비록 그들 가운데 몽상가가 있긴 했지만 말이다.

증기기관의 발명자인 제임스 와트, 18세기 영국의 선구적 화학자인 조지프 프리스틀리, 미국에서 잠시 체류하는 동안 토머스 제퍼슨을 가르쳤던 의사이자 천문학자인 윌리엄 스몰도 그 협회 회원이었다. 달 협회의 회원들은 새로운 발명품과 산업에 열정을 품고 있었다. 그들은 지식과 이성, 생각의 자유, 진보를 믿었다. 그들과 그들에게 우호적이었던 사람들은 산업혁명을 계기로 영국과 전 세계가 새로운 기술의 시대로 진입하는 데 한몫을 했다.

1760년대에 이래즈머스 다윈은 급속하게 성장하고 있던 영국 중부의 산업 지대를 통과할 새 운하 건설을 촉구하는 운동을 벌이다가, 도자기 제조로 유명한 웨지우드 회사의 설립자 조사이어 웨지우드를 만난다. 두 사람은 서로의 집을 자주 방문할 정도로 절친한 벗이 되었다. 그들의 우정은 다윈 집안과 웨지우드 집안을 연결시켰고, 이후로 두 집안은 오랫동안 특별한 관계를 유지했다.

이래즈머스 다윈의 아들인 로버트 워링 다윈은 이래즈머스 다윈과 조사이어 웨지우드가 친구가 될 쯤인 1766년에 태어났다. 30년 뒤, 로버트 워링 다윈이 조사이어의 딸인 수잔나 웨지우드와 혼인함으로써 두 집안의 유대는 더욱 돈독

다윈의 아버지인 로버트 박사는 다소 무서운 사람처럼 보일 수 있다. 하지만 다윈은 아버지를 "내가 알고 있는 가장 친절한 분"이라고 기억했다.

해졌다.

로버트와 수잔나 부부는 다윈 집안과 웨지우드 집안의 본가에서 그리 멀리 떨어지지 않은 슈루즈버리 마을의 마운트라는 이름의 큰 집에 정착했다.

그곳에서 그들은 딸 넷과 아들 둘을 낳았다. 첫째 아들 이름은 할아버지의 이름을 기념해서 이래즈머스(라스)라고 지었고, 1809년 2월 12일에 태어난 둘째 아들 이름은 찰스 로버트라고 지었다.

다윈이 여덟 살 때 어머니가 세상을 떠났다. 그는 1838년에 어머니에 대해서 이렇게 썼다.

"별로 생각나는 것이 없다. 누군가 어머니 방으로 나를 들여보냈는데, 그곳에 아버지가 있었다. 그리고 울었다는 것밖에는. 어머니의 잠옷말고는 기억나는 모습이 없다. 한두 번 어머니와 산책을 나간 것은 기억난다."

어머니가 세상을 떠난 후에는 누나인 캐롤라인, 매리언, 수전이 집안과 동생들을 맡았다. 누나들은 다윈을 다정하게 대하고 사랑했지만, 가끔은 엄한 누나 행세를 했고 약간은 억압적이기도 했다. 형인 라스는 학교에서 생활했기 때문에 다른 식구들과 함께 지낸 적이 거의 없었다.

다윈의 아버지, 로버트 다윈

다윈의 아버지 로버트 박사가 스스로 말했던 것처럼, 집

다윈과 여동생 캐서린
어머니가 죽은 뒤 이 두 아이는 나이 든 누나들이 돌봐줬다.

안의 모든 생활은 아버지를 중심으로 이루어졌다. 할아버지 이래즈머스 다윈처럼, 아버지 로버트 박사도 실력 있는 뛰어난 의사였다. 아버지는 키가 꽤 크고 살진 편이었으며, 근엄한 표정과 진지한 태도의 당당한 사람이었다. 그는 환자들을 진심으로 이해하고 보살펴 주었기 때문에 환자들은 그를 존경했다. 그러나 아내가 죽고 난 후, 그는 우울하고 화를 잘 내는 사람으로 변했다. 아이들은 이따금씩 아버지가 엄격하고 매정한 사람이라고 느끼기도 했다. "마운트의 분위기는 우울 그 자체"라고 그 집을 방문했던 웨지우드의 사촌은 기록했다. 그래도 다윈은 아버지를 존경했고, 아버지에게 자랑스러운 아들이 되기를 원했다.

다윈은 평생 동안 아버지 이야기를 할 때면 존경과 애정을 드러냈다. 아버지가 죽고 다시 오랜 시간이 흘러 다윈 자신도 말년이 되었을 때 그는 마운트를 떠났고 어린 시절을 보낸 그 집은 새 주인에게 넘어갔다. 집을 떠나면서 그는 그리움에 젖어 이렇게 말했다.

"이 온실에서 5분 동안만 혼자 있을 수 있다면, 아버지를 볼 수 있을 텐데……. 바로 내 앞에 서 있는 것처럼 생생하게."

아버지도 원예를 좋아하긴 했지만 할아버지와 달리 자연사에 별로 관심이 없었다. 아버지가 어린 다윈에게 물려준 것은 식물을 사랑하는 마음이다. 다윈이 평생 꽃을 사랑했던 마음은 어릴 때부터 시작된 것이다. 일곱 살 때 여동생과 함께 있는 초상화를 보면, 주름 장식 깃이 달린 벨벳 정장을 입고 초롱초롱한 눈과 장밋빛 뺨의 다윈이 화분을 포근히 감싸고 있다. 그때 이미 그는 자신만의 작은 정원을 가지고 있었고, 그곳을 정성껏 가꾸었다.

자연에 호기심이 많았던 다윈

 어린 다윈은 이미 자연의 세계가 경이롭고 매혹적인 것들로 가득하다는 사실을 알고 있었다. 그는 조개껍데기, 새 알, 암석과 광물, 곤충을 열심히 수집했다. 열 살 때 그는 해변에서 3주 정도를 보낸 적이 있었다. 그 휴가 중 가장 기억에 남은 것은 새로운 곤충을 발견한 것이었다. 하지만 곤충을 채집하려는 첫 시도는 누나 수전의 방해로 실패했다. 수전은 채집을 위해 곤충들을 죽이는 것은 잘못된 일이라고 말했다. 그래서 그는 얼마 동안 죽은 곤충만 채집해야 했다.
 또 다윈은 낚시와 새 관찰에도 관심이 많았다. 이런 취미는 그에게 자연에 대한 친밀감을 주고 인내와 체계적인 관찰 습관을 가르쳐, 훗날 연구 활동의 토대를 마련해 주었다.
 열다섯 살 무렵 그는 사냥하는 법을 배웠고, 그 뒤 몇 년 동안 자고 같은 새들을 사냥하는 데 푹 빠졌다. 비록 스포츠로서 사냥에 몰두한 것이었지만, 나중에 그는 그때 배운 사냥 솜씨를 표본 채집이라는 과학 연구에 이용했다.
 집안의 전통에 따라 의사의 길을 걷게 될 다윈의 형 라스도 과학에 관심이 많았다. 그는 공구 창고를 화학 실험실로 꾸미고 다윈에게 자신의 실험을 돕게 했다. 다윈은 1876년에 쓴 《자서전》에서 그때의 일을 "내가 받은 교육 가운데 최고의 교육"이라고 했는데, '실험 과학의 의미'를 배웠기 때문이다. 학교 친구들은 다윈에게 '가스'라는 별명을 붙여 주었다. 그 이유는 그와 그의 형 라스가 여러 기체를 이용해 실험한다는 사실을 알았기 때문이다.

어린 다윈은 학교를 대수롭지 않게 생각했다. 19세기 초 중류 가정의 아이들 대부분이 그랬듯이, 그의 교육도 집에서 형이나 누나가 선생님 역할을 하면서 시작되었다.

다윈은 여덟 살 무렵에 마운트 근처의 작은 학교에 다니기 시작했다. 그는 수업이 재미없었다. 오히려 자기보다 나이 많은 소년들에게 자연사 수집물들을 자랑하는 데 열중했다. 훗날 그는 자신이 오로지 사람들의 관심을 끌기 위해 가끔 황당한 이야기들을 꾸며 내기도 했다고 회상했다. 그가 어린 시절에 꾸며 낸 거짓말 중에는 나중에 관심을 가졌던 과학 주제들과 깊은 관련이 있는 것도 있었다.

예를 들어 그는 낯선 새들의 모습을 꾸며 내기도 했고, 자신이 꽃의 색깔을 바꿀 수 있다고 장담한 적도 있었다.

너무나 힘들었던 슈루즈버리 학교 생활

1818년 아홉 살이 되자, 다윈은 형 라스가 다니던 슈루즈버리 사립학교에 다니게 되었다. 다윈은 그 학교에서 기숙하면서 7년을 보냈다. 하지만 학교가 마운트에서 1킬로미터 정도밖에 떨어져 있지 않았기 때문에, 가끔 집으로 달려와 가족과 지내기도 했다.

나중에 그는 슈루즈버리 학교만큼 "내 정신 발달에 악영향을 미친 곳은 없었다"라고 회고했다. 그가 관심을 갖고 있던 주제들인 자연사와 과학은 그리스와 로마의 역사와 문학에 눌려 철저하게 무시당했다. 당시 사회 분위기에서 영국 신사를 키우는 데 필요한 학문은 역사와 문학뿐이었다. 아이들은 죽은 언어로 씌어진 긴 구절을 외우느라 몇 시간을 허비하기도 했다.

다윈은 셰익스피어의 희곡이나 바이런 경의 시를 읽거나 여행 책을 들고 공상했고, 암석과 곤충을 수집하기 위해 혼자 먼 길을 산책하면서 지루함을 달랬다. 주말이면 그는 형과 함께 화학 실험을 하거나, 사촌들과 웨일스의 산들까지 말을 타고 달리는 신나는 여행을 떠나기도 했다.

라스는 1822년 케임브리지대학교의 크라이스트 칼리지에서 의학을 공부하기 위해 슈루즈버리 학교를 떠났다. 다윈은 얼마 동안 혼자 화학 실험을 했지만, 신나기는커녕 지루하기만 했다. 그는 자신의 미래에 관해 생각하기 시작했고, 아버지가 자신에 대해 어떤 생각을 하고 있는지도 어렴풋이 알게 되었다.

다윈은 슈루즈버리 학교에서 뛰어난 학생이 아니었다. 아버지 로버트 박사는 다윈이 자라서 게으른 스포츠맨이 되지 않을까 걱정했다. "사냥하고, 개들하고 놀고, 쥐 잡는 일 외에 다른 일에는 관심이 없구나. 넌 나중에 네 자신과 가족의 수치가 될 거다"라고 아버지는 다윈을 꾸짖었다.

하지만 아버지는 그에게 무엇이 필요한지 잘 알고 있다고 생각했으며, 그것은 바로 다윈이 의사가 되는 것이라고 생각했다. 그래서 예정보다 2년 빨리 다윈을 슈루즈버리 학교에서 데리고 나왔고, 다윈은 바로 의학 공부를 하게 되었다

지구 생명의 신비한 역사를
탐구하는 일에 삶을 바친 다윈

다윈은 두 번 다시 갈라파고스 제도를 가지 못했지만, 남은 평생 마음속으로는 수없이 그곳을 찾아갔다. 그곳에서 보았던 식물과 동물들의 독특함을 설명할 방법을 찾았다. 왜 그렇게 많은 생물들이 다른 곳에는 없고, 오직 갈라파고스 제도에만 살고 있을까? 왜 식물과 동물 종들이 섬마다 다를까?

이런 의문들은 다윈이 일생 동안 해왔던 연구의 기초를 이룬다. 그가 날카롭고 꼼꼼한 관찰자였던 것은 사실이지만, 그의 천재성은 단순히 자연을 관찰하는 데만 머물지 않았다. 다른 많은 자연사학자들과 달리, 그는 사실을 수집하고 표본을 묘사하는 일에만 만족하지 않았다. 그는 더 나아갔다. 그는 '왜?'라는 질문을 끊임없이 던졌다.

다윈은 어떤 사실 뒤에 숨겨진 원리를 발견하고, 세계가 형성되어 온 과정을 이해하려고 애썼다. 항해하면서 채집한 표본들을 조사하면서, 그는 갈라파고스 제도의 표본들이 자연의 비밀을 풀어 줄 열쇠라고 느꼈다.

왜 많은 생물들이 다른 곳에는 없고
오직 갈라파고스 제도에만
살고 있을까?

그는 갈라파고스 제도가 일종의 실험실, 즉 자연이 가장 심오한 실험을 하는 장소라고 믿었다. 그는 그 제도에서 "시간과 공간 양쪽으로 '이 지구상에 새로운 존재가 어떻게 처음 출현했는가' 하는 엄청난 신비에 가까이 다가간 듯하다"라고 확신했다.

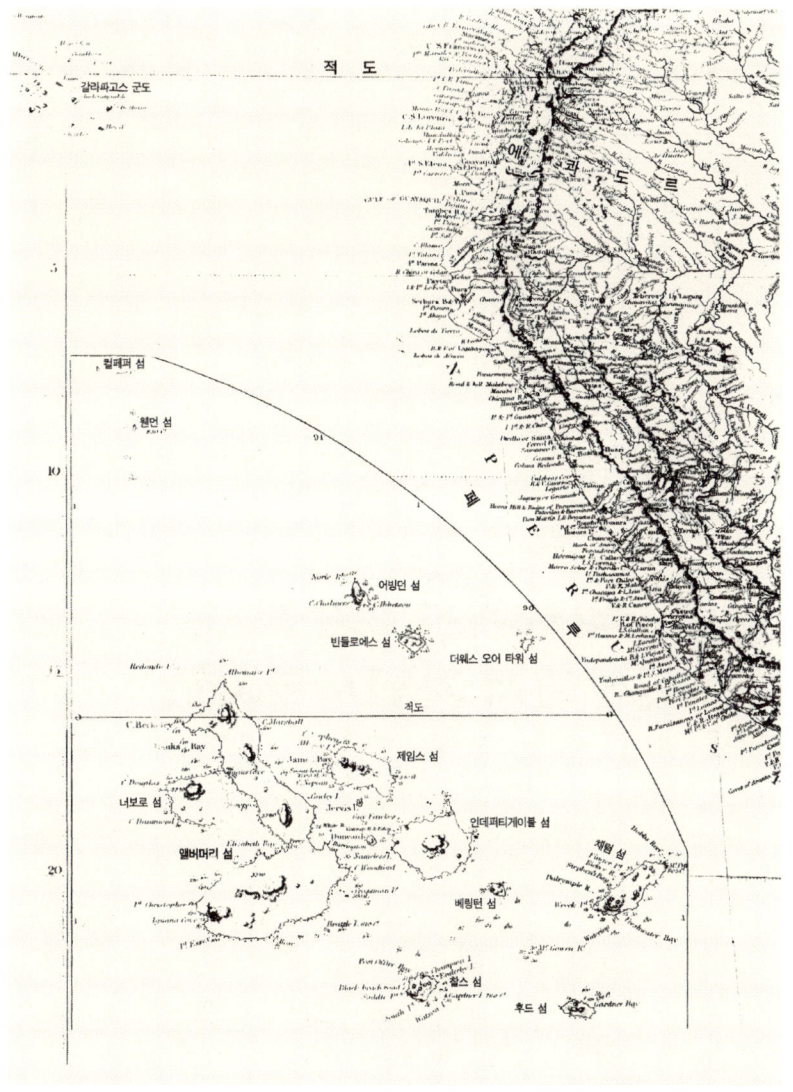

비글호 장교들이 그린 갈라파고스 제도

2

의사에서 신부로,
신부에서 자연사학자로

19세기 초 '북방의 아테나'라고 불린 스코틀랜드의 에든버러
이곳에서 16세의 찰스 다윈은 새로운 지적 자유와 도전을 경험한다.

아버지는 다윈을 스코틀랜드의 에든버러대학교에 보내 의학 공부를 시키기로 결정했다. 그 대학은 아버지뿐만 아니라 할아버지인 이래즈머스 다윈도 공부했던 대학이었다. 다윈은 형 라스도 의학 공부를 마저 끝내기 위해 에든버러로 간다는 사실을 알고 기뻐했다.

에든버러에서의 의학 공부

1825년 10월 에든버러에 도착한 두 젊은이는 대학 근처에 하숙방을 얻었다. 그들은 오트밀로 속을 채운 생선 머리를 비롯한 스코틀랜드 음식들을 하나씩 맛보면서, 그 도시의 지식인 사회 속으로 빠져들었다.

에든버러는 '북방의 아테네'라고 불렸다. 고대 그리스의 아테네가 그랬던 것처럼, 에든버러도 세계적인 학문의 중심지였기 때문이다. 스코틀랜드의 지식인 사회는 종교의 간섭을 덜 받았기 때문에, 잉글랜드보다 새로운 사상과 사고에 관대했다.

케임브리지나 옥스퍼드에 있는 대학의 학생과 교수들은 영국 국교인 성공회를 믿는다고 선서해야 했다. 성공회는 영국 군주제의 핵심 세력이자 사회를 통합시키는 강력한 힘이기도 했다.

잉글랜드의 교회는 지구의 나이나 생명의 역사에 관한 문제들은 과학의 힘을 빌릴 필요가 없으며, 성경 속에 올바로 설명되어 있다고 주장했다. 그러면서 그런 문제들에 대해 생각하는 것조차 방해했다. 그러나 스코틀랜드의 학생들과 교수들은 공인된 종교에 얽매여 있지 않았다. 더구나 스코틀랜드는 18세기에 가장 혁신적인 철학자와 과학자들의 본거지였던 프랑스와 오랫동안 문화적·정치적으로 유대를 맺어 왔고, 에든버러의 지식인 사회는 파리와 유럽 각지에서 온 교사들로 활기를 띠고 있었다.

자유로운 지적 분위기가 감도는 에든버러는 지질학과 생물학의 본거지이기도 했다. 대영제국과 유럽뿐 아니라 미국의 의사, 작가, 철학자, 자연사학자들까지도 에든버러에 몰려들었다.

찰스 다윈은 늙어서도 미국의 자연사학자인 존 제임스 오듀본이 시골 사람처럼 투박한 옷을 입고 검은 머리칼을 어깨까지 늘어뜨린 채, 새 박제를 제대로 만드는 방법을 설명하던 모습을 기억했다. 말하자면 에든버러는 이제 막 사유와 과학의 세계에 대한 탐험을 시작하려는 젊은이에게 많은 자극을 주는 흥미로운 곳이었다.

다윈 형제는 열정을 갖고 공부에 몰두했다. 아마 첫 학기에는 대학도서관에서 그들만큼 많은 책을 빌린 학생도 없을 것이다. 또 아버지의 허락을 받고 많은 책을 사서 보기도 했다.

너무나 끔찍했던 수술실

그러나 그들의 열정은 오래가지 못했다. 다윈은 강의가 끔찍할 정도로 지루하다고 불평했지만, 더 끔찍한 공포가 수술실에서 기다리고 있었다. 당시에는 수술할 때 고통을 덜어 주는 마취제가 개발되지 않았기 때문에, 환자를 수술대에 묶은 채 그대로 수술했다. 수술할 때 의식이 있었던 환자들 대부분은 못 견딜 정도로 고통스러워했으며, 흐르는 피를 흡수하기 위해 환자 자신이 톱밥 바구니를 들고 있어야 할 때도 있었다. 의대 학생들은 이런 수술 과정을 지켜보아야만 했는데, 다윈은 피가 사방으로 솟구치고 환자가 고통스럽게 소리지르는 수술 광경을 도저히 보고 있을 수가 없었다. 그는 어린아이를 수술하는 소름 끼치는 광경을 보다가 뛰쳐나간 뒤로 다시는 수술실에 들어갈 수 없었다.

훗날 그는 자신의 과학 연구에 도움이 될 만한 해부학을 제대로 배우지 못해서 아쉬워했지만, 의대생으로서 수술실의 피와 고통이 주는 끔찍함은 도저히 견디기 힘들었다.

해부학

생물체를 해부하여 외부 및 내부의 형태와 구조를 조사하는 학문.
사람의 몸에 관한 인체해부학을 비롯하여 동물해부학, 식물해부학, 비교해부학, 현미경 해부학 등이 있다.

의학보다 자연사에 더 관심이 많았던 다윈

학기가 끝나자 다윈은 기뻤다. 그는 방학이면 웨지우드가의 사촌들과 친구들을 방문했고, 다양한 취미 생활을 즐기면서 보냈다. 사냥과 사격을 무척 좋아했던 다윈은 "아침에 신을 신는 시간을 30초라도 줄이기 위해" 사냥용 부츠를 침대 옆에 놓고 자기도 했다. 하지만 그는 나이가 들면서 점점 사냥의 즐거움을 잃어버렸다. 그는 그 이유를 이렇게 설명했다.

"나는 관찰과 추론의 기쁨이 기술과 스포츠의 기쁨보다 훨씬 더 크다는 것을 깨달았다."

한 해가 지난 뒤에도 형은 에든버러로 돌아가지 않았다. 대신 그는 런던으로 가서 그곳에서 의학 공부를 마치기로 했다. 다윈은 형 라스가 의학 공부를 절대로 끝마치지 못할 것이라고 생각했는데, 결국 그의 추측은 맞았다. 아버지 로버트 박사는 라스가 건강이 좋지 않아 학업을 계속할 수 없다고 판단했다. 그래서 라스는 런던에서 편안한 시간을 보낼 수 있었고, 그곳에서 문학계와 과학계의 저명한 인사들과 교분을 쌓을 수 있었다.

다윈은 자신도 형처럼 의사가 되지 않을 수도 있다는 생각을 전부터 해오긴 했지만, 의대 2학년 개학 시간이 다가오자 일단은 에든버러로 돌아갈 준비를 했다. 하지만 아버지가 부동산에 투자해 부자가 되었고, 자신이 많은 재산을 물려받으리란 것을 알게 되자 의학에 관한 관심은 더 줄어들

라마르크 1744~1829
프랑스의 자연사학자이자 진화론자.
식물원을 견학하다가 자극을 받아 식물학과 의학을 공부했으며, 이후 동물학, 화석과 지질학 등도 연구했다.
생물에는 환경에 대한 적응력이 있어, 자주 사용하는 기관은 발달하고 사용하지 않는 기관은 퇴화하여 없어지게 된다는 용불용설 진화설을 주장했다. 주요 저서로는 《무척추동물의 체계》 《동물 철학》 등이 있다.

플리니언 협회
1823년 설립된, 자연사에 관심 있는 에든버러대학교 학생들의 클럽으로, 이름은 《박물지》로 유명한 고대 로마의 박물학자 대플리니우스에서 따왔다.

었다. 굳이 의사라는 직업으로 생계를 유지하지 않아도 자신이 하고 싶은 일을 하면서 여유 있게 살 수 있다는 생각이 들었기 때문이다. 그러면서 그는 의학보다 자연사에 더 많은 노력을 기울였다.

자연사 연구로 돌아간 다윈

찰스 다윈은 에든버러에 있는 동안 할아버지 이래즈머스 다윈과 라마르크의 이론을 알게 되었지만, 그다지 큰 인상을 받은 것 같지는 않다. 십 대였던 다윈이 진화론자가 되기 위해서는 아직 많은 시간이 흘러야 했다. 그는 자서전에서 자신이 1820년대에는 "성경에 쓰인 모든 단어가 글자 그대로 진리라고 생각했으며 곧이곧대로 믿었다"라고 썼다. 그 당시 다윈은 지구상의 생명이라는 커다란 그림에 대해 생각하지 못했다. 그는 여전히 작고 매혹적인 세계에 홀려 있었다.

그는 대학의 자연사 박물관에서 박제된 새를 연구하거나, 절벽과 언덕을 기어오르면서 암석을 떼어 내 그 지역의 지질을 연구하면서 몇 시간씩 보냈다. 가끔은 플리니언 협회의 동료들과 함께 해변 탐험에 나서기도 했다. 그들은 해면 동물이나 산호 같은 작은 생물들이 바닷속에서 모습을 드러내는 썰물 시간을 기다리기도 했다. 다윈은 가끔 어부들이 조개를 훑기 위해 배를 끌고 나갈 때, 그들을 따라가 매끄러운 뱃전에 쪼그리고 앉아 그물 안에서 해삼을 골라내기도 했다.

1827년 3월, 그는 미세한 바다 생물의 구조에 관한 몇 가지 발견을 플리니언 협회를 통해 자랑스럽게 보고했다.

인생의 전환점

다윈은 1827년 여름 방학 동안 여행과 여가를 즐기며 보냈다. 그는 처음으로 런던에 가보았다. 그는 그곳을 "끔찍한 매연이 가득한 황량한 곳"이라고 했다. 삼촌인 조사이어 웨지우드 2세 그리고 사촌인 엠마, 페니와 함께 그는 처음이자 마지막으로 유럽 대륙 여행에 나섰고 파리에서 몇 주 동안 머물기도 했다. 그동안 내내 자신의 미래에 대한 생각으로 마음이 무거웠다. 그는 의학 공부에 질렸고 불안해했으며, 성적도 그다지 좋지 못했다.

아버지는 다윈에게 의사가 되고 싶은 생각이 전혀 없음을 알았다. 하지만 아버지는 다윈이 존경받는 직업을 가져야 한다고 생각했다. 아버지는 신앙심이 깊은 사람은 아니었지만, 영국 국교회의 신부들이 누리는 편안하고 존중받는 생활을 보고, 다윈이 신부가 되는 것이 좋겠다고 생각했다.

나중에 다윈은 그때 일을 이렇게 썼다.

"내가 종교 교리의 공격을 받았다니 얼마나 잔인했는지 생각해 보라. 내가 한때 신부가 될 생각을 했다는 것이 우스꽝스러울 정도다."

다윈은 마흔 살이 넘어서는 교회와 사이가 나빴지만, 1827년 그의 나이 열여덟에는 아버지의 새 계획에 기뻐했다. 독실한 신자여서가 아니라, 시골 신부 생활이 자연사 공부를 계속할 수 있는 충분한 여유를 준다는 것을 알았기 때문이다. 실제로 손꼽히는 자연사학자들 가운데는 신부가 많았다. 당시는 과학이 전문 분야로 확립되지도 않았고, 과학 연구만으로 생계를 유지하는 것도 거의 불가능했기 때문이다.

하지만 다윈이 신부-자연사학자가 되기 위해서는 많은 교육을 받아야 했다. 그는 케임브리지의 크라이스트 칼리지에 입학했는데, 그때까지 거의 관심이 없었던 그리스어와 라틴어를 더 배워야 한다는 것을 알고 당황했다. 시험은 엄격했으며, 다윈은 매번 시험을 볼 때마다 곤욕을 치러야 했다. 비록 미친 듯이 공부해서 이럭저럭 모든 시험에 통과하긴 했지만.

케임브리지는 풍족하고 사교적인 젊은이가 활기차게 사회 생활을 할 수 있는 곳이었다. 다윈은 스스로 '스포츠 애호 동아리'라고 부르는, 승마와 사냥을 즐기는 젊은이 집단과 어울렸다. 그는 신나게 노래 부르고 카드놀이를 하던 흥겨운 저녁 파티를 이렇게 회상했다.

"나는 이런 식으로 밤낮 흥청망청한 것에 부끄러워해야 한다. 하지만 정말 재미있는 친구들이었고 모두가 더할 나위 없는 기쁨을 누렸기 때문에, 그 시절을 돌아보면 저절로 즐거워진다."

딱정벌레에 푹 빠진 다윈

그 시절 그가 공부하고 놀기만 한 것은 아니었다. 다윈은 딱정벌레에 푹 빠지게 된다. 역시 크라이스트칼리지 학생이었던 사촌 윌리엄 다윈 폭스와 함께 딱정벌레 사냥에 열중했다. 새 표본을 구하기 위해 별의별 짓을 다하기도 했다. 그는 배 바닥에 사는 물방개를 채집하기 위해 일꾼을 고용하기도 했다. 나중에 그 남자가 뇌물을 받고 가장 좋은 표본을 다른 수집가에게 넘겼다는 것을 알고는 화가 나서 그를 해고해 버렸다.

한번은 딱정벌레 사냥을 나갔다가 희귀한 종 두 마리를 양손에 하나씩 잡은 적이 있다. 그런데 또 다른 종이 그의 눈앞에 나타났다. 어느 것도 놓치고 싶지 않았던 다윈은 오른손에 있던 딱정벌레를 재빨리 입에 넣고는 세 번째 표본을 움켜쥐었다. 하지만 입에 넣은 딱정벌레가 씁쓸한 액체를 뿜어대는 바람에 벌레를 내뱉고, 그 와중에 세 번째 딱정벌레도 사라지고 말았다.

한번은 딱정벌레가 그에게 행운을 가져다 주기도 했다.

새로 잡은 딱정벌레가 신종으로 밝혀졌고, 한 과학 잡지가 그를 최초의 표본 채집자로 인정해 주었다. 수십 년 뒤, 세계적인 유명 인사가 된 다윈은 그때의 일을 "내 인생에서 가장 자랑스러웠던 순간"이라고 했다.

훌륭한 동료, 헨슬로와 세지윅

케임브리지에서 다윈은 식물학자 존 스티븐스 헨슬로와 지질학자 애덤 세지윅이라는 저명한 신부-과학자 두 사람을 알게 되었다. 다윈은 헨슬로에게서 동식물에 관해 많은 것을 배웠다. 두 사람은 케임브리지의 시골길을 거닐면서 많은 대화를 나누었다. 나중에 다윈은 헨슬로와의 우정이 자신의 연구에 가장 중요한 영향을 끼쳤다고 회고했다.

세지윅은 다윈에게 현장 지질학을 가르침으로써 다윈의 지적 지평선을 넓혀 주었다. 다윈은 암석에서 지구 역사를 읽어 낼 줄 아는 그의 뛰어난 능력에 깊은 감명을 받았다. 세지윅의 말을 듣던 중, 그는 문득 깨달음을 얻었고 과학을 새로운 방식으로 볼 수 있는 영감을 얻었다. 다윈은 과학자가 단순히 사실을 기록하는 사람이 아니라 의미의 양상을 탐구하는 사람이 되어야 한다는 것을 깨달았다.

"비록 수많은 과학 서적을 읽었지만, 과

지질학
지구의 가장 바깥쪽을 둘러싼 부분인 지각을 연구하는 학문이다. 지각은 평균 두께가 30km에 이르는 가볍고 단단한 암석층이며, 지질학에서는 지각을 구성하는 물질, 지층의 구조·기울기 등을 조사한다.

학이 사실을 정리하여 그것들로부터 일반 법칙이나 결론을 끌어내는 것이 중요하다는 사실을 그렇게 절실하게 깨달았던 적은 없었다."

다윈은 세지윅과 함께 현장 조사를 나갔을 때 그렇게 썼다.

다윈의 마지막 시험은 1831년 1월에 있었다. 공부와 걱정 때문에 그는 몇 주 동안 끔찍한 시간을 보내야 했지만, 정작 발표된 결과를 보니 178명 중 10등이었다. 학위를 받자 그는 기뻐하면서 세지윅과 함께 웨일스로 지질 탐사를 떠났다. 그런 뒤 마운트로 돌아가 아버지, 누나들과 함께 여름을 보냈다.

존 스티븐스 헨슬로
식물학자인 헨슬로는 케임브리지 시골길을 다윈과 함께 산책하면서, 다윈이 과학자로서의 기초를 닦을 수 있도록 도움을 주었다.

스물두 살 때의 찰스 다윈은 키 180센티미터 정도의 건강하고 원기 왕성한 젊은이였다. 갈색 눈썹은 앞으로 튀어나온 이마 아래 깊숙이 가라앉아 있었다. 연한 갈색 머리칼은 가늘고 짧았지만, 구레나룻은 길고 멋지게 자라났다. 그는 온화하고 편안한 사람이었고, 시골 신부라는 평온한 생활을 향해 곧장 나아갈 것 같았다. 하지만 1831년 8월 29일, 그는 자신의 인생을 바꿔놓을 편지 한 통을 받게 된다.

멸종, 대규모의 죽음

어떤 식물이나 동물의 죽음이 때로는 한 개체의 죽음 이상의 의미를 지니기도 한다. 가끔 그것은 종 전체의 죽음일 때도 있다. 1987년 6월 16일, 마지막 검정바다멧참새가 플로리다에서 죽는 순간, 북아메리카 명금류의 그 특정 종이 멸종했다. 지구상에서 영원히 사라진 것이다.

대부분의 사람들은 종이 사라질 수도 있다는 생각을 받아들이지 못했다. 신학과 모순되는 듯했기 때문이다. 그러나 18세기 말이 되면서, 많은 자연사학자들이 지구 역사상 멸종이 꽤 여러 번 일어났다는 것을 받아들이기 시작했다. 멸종한 생물들의 화석, 특히 한때 세상을 제 세상인 양 돌아다녔던 공룡을 비롯한 거대한 동물들의 화석은 사람들에게 경이감을 불러일으켰다. 남아메리카에서 '멸종한 괴물들'의 화석을 파내기도 했던 다윈은《종의 기원》에 이렇게 썼다.

"그 당시 종의 멸종에 대해 나보다 더 많이 놀란 사람은 없었을 것이다."

이제 과학자들은 멸종이 언제나 생명의 일부였음을 안다. 시카고대학교의 고생물학자인 데이비드 라웁은 과거에 존재했던 종의 99.9퍼센트가 멸종했다고 추정한다. 1980년대에 라웁과 동료인 잭 세프코스키는 화석 기록들을 상세히 연구한 끝에 얻은 '배경 멸종률'을 발표했다.

> 새로운 형태의 출현과
> 낡은 형태의 소멸은
> 밀접한 관련이 있다.

'배경 멸종률'은 지구 생명들의 전체 역사에서 멸종한 생물 종의 정상 비율을 뜻한다. 화석 기록은 대규모 죽음 즉 대멸종이 적어도 다섯 번은 있었다는 것을 알려 준다. 이 시기에는 지질학적으로 볼 때 짧은 기간 안에 멸종률이 급격하게 증가했다.

가장 규모가 컸던 대멸종은 2억 4500만 년에서 2억 2500만 년 전 사이에 일어났다. 라웁은 이 기간에 생물 종의 96퍼센트가 사라졌다고 말한다. 마지막까지 남은 공룡을 포함하여, 모든 종의 4분의 3이 약 6500만 년 전에 있었던 대멸종으로 사라졌다.

과학자들은 대규모 죽음을 설명하는 많은 이론들을 앞다투어 내놓았다. 일부는 대륙판이 열대 지방에서 극 지방으로 이동했다가 다시 돌아오는 과정에서 지구의 기후 변화로 대멸종이 일어났다고 믿는다.

또 소행성이나 혜성이 지구와 충돌하여 지구 전체에 먼지 구름이 생겨났고, 이 구름들이 햇빛을 차단해 기온을 떨어뜨림으로써 대멸종이 일어났다고 주장하는 사람도 있다. 지질학자들과 고생물학자들은 이런 이론들을 지지하는 증거들을 조사하고 있다.

어떤 식물이나 동물의 죽음이
때로는 한 개체의 죽음 이상의
의미를 지니기도 한다.

멸종은 진화와 밀접한 관련이 있다. 다윈이 인식했듯이, 멸종한 생물의 화석은 한 생물이 다른 생물로 대체되는 단계들과, 종들 사이의 연계성에 관해 암시해 준다. 또 다윈은 새로운 종의 탄생이 기존 종의 죽음과 연관되어 있다는 것을 밝혀냈다.

《종의 기원》에서 그는 "새로운 형태의 출현과 낡은 형태의 소멸은 밀접한 관련이 있다"라고 했다. 진화생물학자들은 종 분화 과정이나 새로운 종의 형성 과정에서 멸종의 역할에 관해 새로운 관점들을 계속 내놓고 있다.

그중 하버드대학교의 스티븐 제이 굴드와 미국 자연사박물관의 나일스 엘드리지는 단속 평형이론을 주장한다. 종의 수가 꽤 오랜 기간 일정하게 유지되다가 때때로 어느 순간 급속한 종 분화가 일어나 이 평형 상태 즉 균형이 깨진다는 것이다. 그리고 이런 폭발이 진행되는 과정에서 많은 신종들이 갑자기, 즉 겨우 수백만 년 내에 출현한다는 것이다.

이 폭발은 종종 수많은 종들이 멸종한 뒤에 일어나기도 하는데, 그것은 멸종이 신종이 진화할 여건을 만들어 주기 때문이다.

가끔 그것은
종 전체의 죽음일 때도 있다.

지구는 또 다른 대규모 죽음의 와중에 있다. 하지만 지금은 소행성 탓으로 돌릴 수 없다. 현재의 대멸종은 경이로울 정도로 성공한 종인 호모 사피엔스, 다시 말해 인간의 작품이다. 서식지 파괴, 환경 오염 등 현대 산업의 부산물과 무모한 인구 증가를 통해 매일 수십 종씩 멸종되고 있다. 이 대규모 죽음은 다음 수백만 년 내에 새로운 종들을 탄생시킬지도 모른다.

하지만 다윈은 "일단 사라진 종은 결코 다시 출현할 수 없다"라고 했다. 지금 멸종하는 식물, 곤충, 동물들은 영원히 사라지는 것이다.

창조론과 진화론의 충돌

1826년, 다윈은 자연사에 관심이 있는 사람들의 모임인 플리니언 협회에 가입했다. 협회에서 회의할 때마다, 새롭고 대담한 의견들이 제기되면서 기존에 확립되어 있던 개념들을 맹렬하게 공격했다. 종교적인 문제일 때는 정통과 이단, 전통적 사고와 급진적 사고 사이에서 열렬한 논쟁이 벌어지기도 했다.

당시 과학계와 사회 전체에서 절대 다수였던 정통 사상가들은 성경의 글자 하나하나가 진리라고 믿었다. 그들은 천지 창조나 노아의 대홍수에서 볼 수 있듯이, 신이 초자연적인 힘과 기적으로 세계를 만들었다고 믿었다.

반면에 이단자들은 사물에 대한 초자연적이고 신학적인 설명을 거부했다. 그들은 과학이 이해 가능한 물리적 힘, 즉 화학 반응이나 중력 같은 자연적인 힘으로 세계를 설명할 수 있다고 주장했다. 또 급진적인 사상가들은 인간이 자연계와 떨어져서 존재하는 특별한 창조물이 아니라 자연계의 일부라고 주장했다.

보수적인 정통 사상가들은 전통적인 세계관에 의문을 제기하는 사람들에게 당혹감과 분노를 느꼈다. 그들은 이들의 새로운 생각을 기계론적이라고 몰아세웠다. 이러한 급진적인 생명관이 인간을 영혼 없는 단순한

> 다윈의 과학적 업적은 당시 과학 세계에 휘몰아치던 거대한 사상 투쟁이라는 배경에 비춰 보아야 한다.

기계로 만든다고 느꼈기 때문이다. 또 전통주의자들은 이런 새로운 생각이 교회에 의해 통합되어 왔던 사회 조직을 분열시킬지도 모른다고 걱정했다.

특히 프랑스에서 벌어진 상황을 지켜본 그들은 경고했다. 18세기 동안 활개 친 자유 사상과 급진적인 생각은 기존에 확립되어 있던 세상의 질서에 의문을 제기하라고 하층 계급을 충동했고, 결국 그 시대는 유혈이 낭자한 프랑스 혁명으로 끝났다고 말이다.

플리니언 협회의 회합은 전통적 사상가들과 급진적 사상가들 사이의 논쟁으로 활기를 띠는 경우가 많았다. 논쟁은 정치, 철학, 종교뿐 아니라 과학적 문제까지 포괄했다.

다윈이 처음 참석한 회의에서는, 윌리엄 브라운이라는 회원이 신이 인간에게 특수한 근육을 주어 웃고 찌푸릴 수 있는 것이라고 주장한 책을 비판했다. 브라운은 이것이 헛소리라고 주장했다. 그는 인간이나 동물 모두 똑같은 근육을 갖고 있다고 주장했는데, 이런 생각조차 이단적이며 급진적으로 받아들여졌다.

낡은 세상과 새로운 사상 사이에 선 다윈

다윈의 과학적 업적은 당시 과학 세계에 휘몰아치던 거대한 사상 투쟁이라는 배경에 비춰 보아야 한다. 다윈은 낡은 사상과 새로운 사상의 충돌을 보며 심각하게 고민했다. 그는 자신의 생각을 발표하지 않으려고 했다. 자신의 생각이 옳다고 확신했을 때도 그랬다. 그 이유는 자신의 생각이 논쟁을 일으키리라는 것을 알았지만, 자신이 그 중심에 있고 싶지 않았기 때문이었다. 아무튼 이 사상 투쟁은 다윈의 정신을 자극할 수 있는 풍부한 환경을 만들었고, 그에게 많은 도움을 주었다.

다른 위대한 사상가들과 마찬가지로, 다윈도 다른 사람들의 연구에 영향을 받았다. 생물의 본성에 대한 그의 명석한 통찰의 일부분은 당시 출간된 책과 과학 논문들 그리고 불꽃 튀는 논쟁과 토론으로 만들어진 것이기도 했다. 다윈은 아무도 보지 못한 진실을 이해한, 산 정상에 홀로 서 있는 고독한 예언자가 아니었다. 그는 시대의 산물이며, 그의 사상은 자신이 살던 시대의 지적 분위기에서 싹트고 자란 것이다.

창조론의 위기

오늘날에는 다윈을 진화론의 창시자로 부르지만, 진화에 대한 생각은 다윈 이전에도 오랫동안 논의되고 있었다. 다만 진화론이 드디어 결실을 맺을 시점에 다윈이 과학계에 등장한 것이다.

수 세기 동안 서구 사상은 성경이라는 토대 위에 서 있었다. 성경에는 신이 6일 동안 지구와 지구 위의 모든 것을 창조했다고 씌어 있다. 게다가 이 창조는 겨우 몇천 년 전에 일어났다고 말한다. 영국의 수학자 뉴턴을 비롯한 17세기의 많은 학자들은 성경에 나온 모든 인물의 수명을 더해서, 지구가 기원전 4,000~5,000년 전에 창조되었다고 결론지었다.

아일랜드 아마의 제임스 어셔 대주교는 세상이 기원전 4004년에 창조되었다고 결론을 내렸다. 이 연도는 유명해졌다. 왜냐하면 꽤 많은 성경에 그 연도가 인쇄되는 바람에, 다윈을 포함한 많은 사람들은 그 연도가 원래 성경에 씌어 있는 것이라고 믿었기 때문이다.

다윈 시대까지, 주의 깊고 사려 깊은 수많은 사람들이 성경에 언급된 창조설에 의문을 품었다. 첫 번째 의문은 지질학자들이 제기했다. 화석 즉 조개껍데기나 다른 생명체들을 이상할 정도로 닮은 암석은 오랫동안 신비의 근원이었다. 그것은 무엇이며, 어디에서 왔는가?

한때는 화석을 단지 식물이나 동물 모양을 띤 암석에 불과하다고 생각했다. 그러나 18세기가 되자, 지질학자들은 화석이 실제 과거에 살았던 생명체의 자취라는 것을 깨달았다. 그렇다면 겨우 몇천 년도 지나지 않았는데 어떻게 그것들이 돌로 변할 수 있단 말일까?

그 신비는 현재 살고 있는 생물들과 전혀 관련이 없는 화석들을 캐내기 시작하면서 더욱 깊어졌다. 가장 놀라운 것은 공룡 화석이었다. 최초의 공룡 화석은 1822년 기디언 맨텔과 메리 앤 맨텔이라는 영국인 부부가 발견했다. 이어서 더 많은 공룡 화석들이 발견되었고, 그 엄청난 크기와 낯선 모습은 사람들의 상상을 사로잡았다. 이제 과거의 지구가 지금은 더 이상 존재하지 않는 생명체들의 서식지였다는 사실이 분명해졌다. 그러나 정통 사상가들의 주장대로 신이 단 한 번에 각 종을 최종 형태로 창조했다면, 어떻게 이런 일이 일어날 수 있을까?

화석은 오랫동안
신비의 근원이었다.

대규모의 홍수, 화산 폭발, 지진으로 지구가 변했다는 격변설

정통 기독교인들은 사라진 생물들이 성경에 묘사된 대홍수 때 물에 잠긴 것들이라고 주장하면서, 그 의문에 대응했다. 한 예로 비글호의 선장 피츠로이는 매머드가 너무 커서 노아의 방주 문으로 들어가지 못했기 때문에 멸종되었다고 믿었다. 19세기 작가들이 가끔 공룡이나 매머드처럼 사라진 생물들을 대홍수 이전의 생물이라고 한 것도 바로 이런 이유에서였다.

이와 같은 이론을 '격변설'이라고 부르는데, 이 이론은 지구 역사를 홍수, 화산 폭발, 지진 같은 급작스런 사건들의 연속으로 본다. 격변론자들은 산맥에서 협곡에 이르기까지 지구의 모든 모습은 과거의 대격변에서 비롯된 것이라고 했다. 격변설로 조개껍데기 화석이 왜 바다에서 멀리 떨어진 산 정상에서 발견되는지 설명할 수 있었는데, 홍수에 휩쓸려 그곳까지 도달했다는 것이었다.

격변설은 신이 세계를 여러 번 창조하고 파괴했으며, 성경에 묘사된 창조는 가장 최근의 것일 뿐이라고 주장한다. 공룡과 다른 멸종한 동물들은 그 이전의 창조에 속하며, 새로운 창조에 앞서 일어나는 파괴 때 소멸했다는 것이다.

그것은 무엇이며,
어디에서 왔는가?

끊임없는 점진적인 과정을 통해 변화한다는 허턴의 동일과정설

18세기 말이 되자, 지구의 역사를 다른 식으로 설명하는 이론이 출현했다. 1788년 스코틀랜드의 제임스 허턴은 〈지구 이론〉이라는 과학 논문을 펴냈고, 1795년에 책으로 출간되었다. 허턴은 지구의 현재 상태는 과거의 대단한 격동에 의해서가 아니라, 우리가 잘 알고 있는 힘들이 아주 오랫동안 서서히 끊임없이 작용함으로써 이루어졌다고 보아야 한다고 주장했다.

그는 지구가 이런 점진적인 과정을 통해 형성되었다고 보았다. 강은 토사를 쌓아 새로운 토양층을 형성한다. 바다는 서서히 말라 가고, 수천 년이 지나면 바닥이 융기하여 온전한 조개껍데기를 지닌 산맥이 된다. 허턴은 지질학적 과정은 대격변이 연속적으로 일어나는 것이 아니라 끊임없이 동일하게 일어난다고 주장했다. 그래서 그의 이론을 '동일과정설'이라고 부른다.

동일과정설로 따지면 지구의 나이는 훨씬 더 많아진다. 허턴의 이론대로 지구가 형성되려면 수천 년이 수천 번은 더 지나야 할 것이다. 허턴은 지질학적 역사에 대한 자신의 관점을 이렇게 요약했다. "그러므로 현재의 의문에 대한 답은 우리가 태초의 흔적도, 종말의 가능성도 전혀 발견할 수 없다는 것이다."

지구 역사를 이렇게 상상도 못 할 먼 과거까지 연장시킨 관점은 역사를 성경 글자 그대로 아주 단순하게 생각했던 사람들을 혼란에 빠뜨렸다.

1802년 허턴의 친구인 존 플레이페어는 이렇게 썼다. "시간의 심연 속을 더 깊숙이 들여다볼수록 더욱더 현기증이 일어나는 것 같다."

그러나 1820년대가 되면서 동일과정설은 증거를 갖추기 시작했다. 격변설이 설명할 수 없는 지질학적 특징들을 동일과정설이 설명해 낸 것이다.

오늘날 지질학자들은 동일과정설과 격변설 양쪽 다 옳다는 데 동의한다. 지질학적 변화는 빗물이 산을 침식시키거나 빙하가 달팽이 같은 속도로 전진하는 것처럼 오랜 세월에 걸쳐 서서히 일어나는 경우도 있고, 홍수나 화산 폭발처럼 갑작스런 격변으로 땅의 형태가 바뀌는 경우도 있다.

다윈 시대에는 지질학자들 사이에서 '깊은 시간'이라고 부르는, 수백만 년이나 되는 과거가 펼쳐진다는 동일과정설을 하나의 혁명으로 받아들였다.

완벽한 설계는 설계자를 암시한다 — '시계공 논쟁'

지질학자들이 먼 과거를 깊이 파고드는 동안, 생물학자들은 전통적인 생명 개념에 도전하고 있었다.
이제까지 생명의 형태는 고정되고 변하지 않는다고 믿어 왔다. 종교와 자연사 모두 다양한 종들을 생명의 사다리 안에 깔끔하게 배열해 놓았다. 사다리의 바닥에는 지렁이와 곤충 같은 하등 생물들이 자리를 잡았다. 그 위로 파충류, 새, 포유동물이 차례차례 자리를 차지했다. 인간은 사다리의 맨 꼭대기, 천사의 바로 아래 단에 자리를 잡았다.

성경의 생명관을 믿는 사람들이 볼 때, 자연의 질서 정연함과 구조적 완전함은 신이 자연 세계를 창조했음을 증명해 주는 것 같았다. 이런 생각을 '설계 논쟁' 혹은 '시계공 논쟁'이라고 한다. 1802년 윌리엄 페일리 주

노아의 대홍수
다윈 시대의 사람들은 이런 사건들이 성경에 묘사된 그대로 일어났다고 믿었다. 하지만 과학 사상가들은 성경의 지구 역사관에 도전하기 시작했다.

시간의 심연 속을
더 깊숙이 들여다볼수록

교가 펴낸 《자연신학》은 이 논쟁을 이렇게 설명한다.

"당신이 산책을 나갔다가 회중시계를 발견했다고 가정하자. 당신이 전혀 본 적이 없는 시계다. 그 시계가 정확하고 복잡한 장치라는 것을 알면, 당신은 그것이 아무렇게나 생겨날 수 있는 것이 아니라고 결론 내릴 것이다. 그것은 시계공이 설계하고 만든 것임에 틀림없다. 회중시계와 마찬가지로 인간의 눈도 복잡하고 정교한 장치다. 그것 또한 너무나 완벽하기 때문에 설계된 것이 틀림없고, 그 설계자는 신임에 틀림없다."

완벽하게 창조되었다면 왜 사라진 것일까?

젊은 다윈은 페일리의 논증에 매료되었고 확신하게 되었다. 그러나 나중에 그는 그 논증의 약점을 지적한다.

새로운 발견과 관점들이 출현하면서, 각 종이 신에 의해 완벽하고 영구적인 상태로 창조되었다는 개념에 계속해서 새로운 의문을 제기했다. 그렇다면 멸종한 종은 무엇인가? 완벽하게 창조되었다면 왜 사라진 것일까? 그리고 아프리카, 오스트레일리아, 아메리카에서 발견되는 새로운 종류의 동식물들은 무엇인가? 성경에는 이런 언급이 없다. 신이 각 대륙

더욱더 현기증이
일어나는 것 같다.

마다 다르게 창조했을까?

농부와 목축업자들이 과일, 꽃, 가축의 새 품종을 얼마나 쉽게 창조하는지 알고 있는 학자들은 종이 고정적이고 변하지 않는 것이 아니라 매우 유동적이고 변할 수 있다는 점을 알아차렸다.

다윈의 할아버지인 이래즈머스 다윈도 이 점을 간파했다. 종이 자신의 환경에 맞게 적응 또는 변화한다고 주장했던 프랑스의 동물학자이자 철학자인 장바티스트 라마르크도 마찬가지였다. 그러나 라마르크는 이 변화가 어떻게 일어나는지 설득력 있게 설명해내지는 못했다.

3

비글호의 자연사학자로 승선한 찰스 다윈

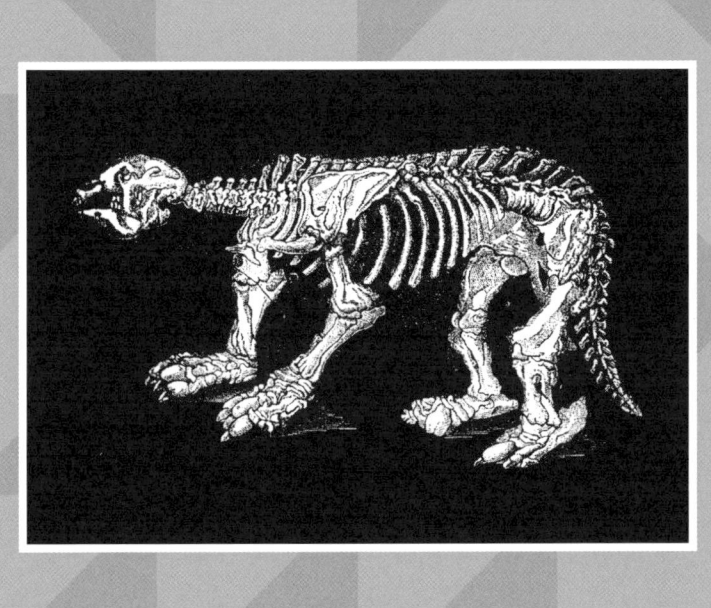

다윈은 자신의 운명을 바꾸어 놓을 편지 한 통을 받았다. 그 편지는 존 스티븐스 헨슬로한테서 온 것이었다. 편지에는 놀라운 제안이 들어 있었다. 바로 다윈에게 전 세계를 항해할 기회를 주겠다는 것이었다.

'비글호'라는 영국 군함이 해안 조사를 위해 남아메리카로 떠날 계획이며, 그곳에 갔다가 태평양과 인도양을 거쳐 영국으로 돌아온다는 것이다. 비글호의 선장인 스물여섯 살의 로버트 피츠로이는 항해 3년 동안 동료가 되어 줄 사람을 찾고 있었다. 그 항해는 지구 곳곳에서 자연사를 연구할 수 있는 획기적인 기회였다. 이 항해에 헨슬로가 다윈을 추천한 것이다. 과연 다윈은 관심이 있었을까?

물론 그랬다. 다윈은 그때 세계적으로 손꼽히는 과학 여행가로 칭송받던 독일의 자연사학자 알렉산더 폰 훔볼트의 책을 읽고 있었다.

남아메리카의 우림 지대와 화산을 묘사한 훔볼트의 글은 다윈의 상상에 불을 지폈다. 다윈은 경이로움으로 가득한 이 머나먼 지역들을 직접 보고 싶었다. 그래서 헨슬로의 편지를 읽은 다윈은 정말 흥분하지 않을 수 없었다. 하지만 다음 날의 일기에는 "항해 제의를 거절했다"라고만 적혀 있었다. 그 짧은 문장 뒤에는 좌절이 숨어 있었다.

신부가 되길 원했던 아버지, 로버트 박사

아버지 로버트 박사는 여행을 허락해 달라는 아들의 간절한 바람을 거절했다. 다윈이 인정한 것처럼, 항해에는 많은 문제점이 있었다.

우선 과학 장비를 구입해야 했고, 식사비도 직접 내야 했기 때문에 항해 비용이 많이 들 것이 뻔했다. 또 불편하고 위험한 항해일 것이 분명했다. 많은 여행가들이 풍토병과 해상 사고로 목숨을 잃었다. 또 비글호는 쌍돛대가 달린 작은 범선이었는데, '떠다니는 관'이라는 별명처럼 사고의 위험이 너무 많았다. 다윈말고도 여행 제의를 받은 사람들이 많았지만, 모두가 거절했다. 아마 나름의 이유가 있었을 것이다. 특히 아버지는 아들이 몇 년 동안 항해와 모험을 하고 나면 조용한 생활을 해야 하는 신부가 되지 않으려고 할지도 모른다고 걱정했다.

다윈은 언제나 아버지의 판단을 존중했고 아버지의 승낙을 받고 싶었기 때문에, 자신의 실망을 드러내지 않으려고 애쓰면서 헨슬로에게 그 제의를 받아들일 수 없다고 편지를 썼다. 그는 편지에 이렇게 덧붙였다.

"아버지만 반대하지 않는다면, 어떤 위험도 감수할 것입니다."

하지만 방법이 하나 있었다. 아버지가 이렇게 제안했던 것이다.

풍토병
어떤 일정한 지역에만 많이 발생하는 질병이다. 특히 그 지역의 풍토, 기후, 생물, 토양 등의 자연환경과 그곳에 사는 사람들의 풍속이나 관습이 복잡하게 얽혀서 생긴다. 대부분은 전염병이며, 말라리아, 콜레라, 황열, 페스트, 뎅기열, 일본뇌염, 수면병, 열대병 같은 병들이 있다.

1831년 8월 31일에 쓴 편지
다윈은 아버지에게 삼촌인 조사이어 웨지우드 2세가 비글호 항해를
긍정적으로 생각한다고 말했다. 이 말을 들은 로버트 박사는 다윈이 여행을
떠나도 좋다고 허락했다. 이렇게 해서 과학의 역사는 달라지게 되었다.

"만일 네가 가도록 권하는 교양 있는 사람이 하나라도 있다면, 가게 해주마."

다행히 아버지가 평소에 매우 교양 있는 사람이라고 생각했던, 다윈의 삼촌인 조사이어 웨지우드 2세는 그 항해가 괜찮을 것이라고 조언해 주었다. 그는 다윈이 그 항해를 통해 세계의 이모저모를 보고 나면 과학을 연구하는 시각이 넓어질 수 있을 것이라고 생각했다.

아버지는 웨지우드의 긍정적인 의견을 듣고는 바로 다윈의 항해를 승낙해 주었다. 다윈은 아버지에게 깊이 감사했다. 자신이 케임브리지에서 아버지에게 경제적으로 많은 도움을 받고 있으며, 항해를 하게 되면 더 경제적으로 의지할 수밖에 없다는 것을 누구보다도 잘 알았다. 그는 자신이 항해하기 위해 더 많은 돈을 쓰는 '영리한 악마'가 되었다고 농담했다. 그 말을 전해 들은 아버지는 웃으면서 말했다. "사람들이 내게 말하더구나. 네가 아주 영리하다고 말이야."

길이가 겨우 27미터밖에 안 된 비글호

다윈은 서둘러 준비하기 시작했다. 비글호가 10월에 출항할 예정이었기 때문에 할 일이 많았다. 다윈은 서둘러 런던으로 달려가 피츠로이를 만났다. 며칠 뒤 피츠로이는 다윈에게 앞으로 몇 년간 그의 보금자리가 될 배를 안내해 주었다. 다윈은 74명을 태울 비글호의 길이가 겨우 27미터밖에

안 된다는 것을 알고 깜짝 놀랐다. 그의 숙소는 작은 선실의 한 구석이었고, 잠은 달아 맨 그물 침대에서 자야 했다. 하지만 비글호는 깨끗했고 시설이 좋은 편이었다.

다윈은 작은 배를 타고 긴 항해를 해야 한다는 것 때문에 고민했지만, 누나들에게 보낸 편지에는 피츠로이가 이상적인 선장이라고 추켜세웠다. 두 사람은 죽이 잘 맞는 듯했다. 그것은 행운이었다. 다윈을 항해에 동참시킬지 여부를 결정하는 사람이 바로 피츠로이였기 때문이다.

다윈은 가끔 비글호의 자연사학자라고 불렸지만, 정확한 명칭이 아니다. 그는 어떠한 공식 직함도 갖고 있지 않았다.

사실 비글호에 다윈이 탔다는 것은, 19세기 초의 과학이 부유한 신사들의 취미 생활이었음을 말해주는 한 예다. 비록 이 시기의 해양 탐험 임무 중에는 자연사도 포함되어 있었지만, 해군이 생물 표본이나 지질 표본을 수집할 자연사학자를 고용하는 일은 거의 없었기 때문이다. 그 대신 해군은 장교들에게 자연사에 관심을 가지라고 권장했고, 그래서 장교들은 정규 임무 외에 과학 분야에 관심을 가져야만 했다.

이 임무는 대체로 배에 함께 탄 의사에게 맡겨졌는데, 비글호에서는 군의관인 로버트 맥코믹 박사가 공식적인 자연사학자였다. 그러나 해군은 민간 자연사학자들이 자비로 항해에 참여할 수 있도록 허용했다.

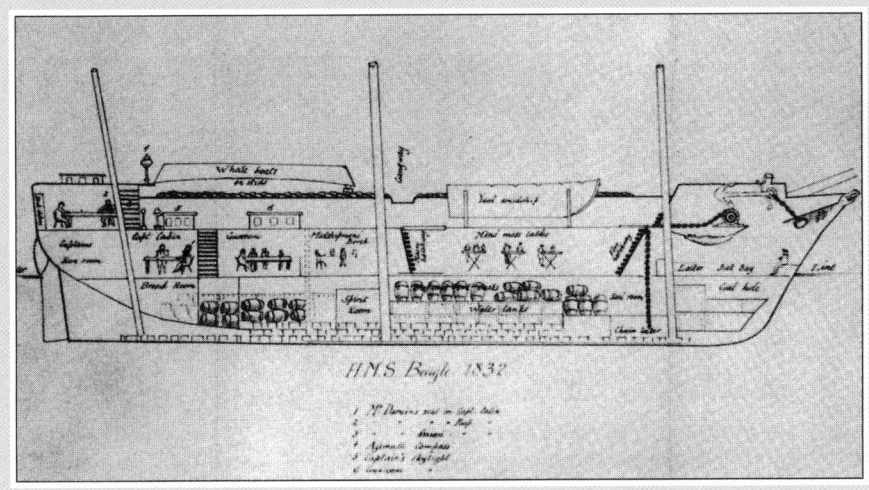

비글호 그림
피츠로이와 다윈이 선장실 탁자에 앉아 있는 모습이 보인다.

비글호의 선장, 피츠로이와의 만남

피츠로이 선장은 민간인 승객이 항해에 참가하기를 원했다. 해군 규정에 따르면, 선장은 장교나 선원들과 사교적으로 접촉하면 안 되기 때문이었다. 게다가 국왕 찰스 2세의 후손인 피츠로이는 자신의 신분을 매우 자랑스러워했고, 배의 동료 중에 자신과 같은 사회 계급에 속하는 사람이 아무도 없다고 느꼈다. 그는 항해 3년 이상 동안 혼자서 식사하지 않기 위해서라도 자신의 친구가 되어 줄 적당한 사회적 배경과 가문을 갖춘 신사가 필요했다.

다윈은 선장실에서 함께 식사하며 이야기를 나누고, 항해를 전반적으로 빛내 줄 자연사 물품들을 수집할 수 있는 사람이었다. 선장은 다윈이 이 모든 임무를 아주 잘 해낼 수 있다고 느꼈다.

항해가 시작된 지 겨우 몇 달 지나지 않아, 비글호의 공식적인 자연사학자 맥코믹은 배를 떠나 버렸다. 다윈이 자신보다 더 많은 장비를 갖춘데다 표본을 채집하고 연구하는 일에 여유 있게 전념할 수 있다는 데 화가 났기 때문이다. 이제 다윈은 비글호의 유일한 자연사학자가 되었다. 그는 성격이 좋아서 장교나 선원들에게서 많은 도움을 받으며 항해를 할 수 있었다.

로버트 피츠로이
거의 5년 동안에 걸친 비글호 항해에서 다윈의 동료였던 이 선장은 자부심 강하고 변덕스러운 성격이었다.

자연사학자로서의 새로운 인생을 개척하는 다윈

영국을 떠나기 전 다윈은 서둘러 자신의 짐을 꾸렸다. 옷과 양말은 그다지 많은 공간을 차지하지 않았지만, 과학 장비가 문제였다. 해부 도구, 화학 약품, 동식물 표본을 담을 특수 상자와 병들이 있었고, 현미경, 망원경, 나침반, 온도계처럼 세심하게 포장해야 하는 기구들도 있었다. 또 암석 표본을 떼어 낼 망치와 해양 표본을 채집할 트롤 그물, 새와 동물을 사냥할 소총도 있었다. 그리고 남아메리카의 산적과 남태평양의 식인종에게서 자신을 보호해야 한다는 피츠로이의 충고에 따라 구한 권총 두 자루도 있었다. 이 총을 볼 때마다 다윈은 마음이 든든했다.

또 다윈은 읽어야 할 과학 서적들도 꾸렸다. 이 중에 헨슬로가 무사히 다녀오라고 선물로 준 책도 있었다. 현대 지질학의 창시자로 알려진 찰스 라이엘의 신간《지질학 원리》첫째 권이었다. 라이엘의 저서는 지구 역사가 아주 먼 과거까지 펼쳐져 있다는 동일과정설을 지지했다. 배에 있는 동안 다윈은《지질학 원리》를 탐독했다. 라이엘의 식견은 다윈이 마주치게 된 새로운 지질층을 이해하는 데 도움이 되었다.

이리저리 애쓴 끝에 다윈은 모든 짐을 비글호에 실을 수 있었다. 그는 가족과 친구들에게 작별 인사를 하고 특히 누나들에게는 정기적으로 꼭 편지를 쓰겠다고 약속

라이엘 1797~1875

영국의 지질학자로, "현재는 과거를 푸는 열쇠"라는 유명한 말을 남겨 지질학의 아버지라고 불린다. 그가 쓴《지질학 원리》는 근대 지질학의 기초를 세우는 데 큰 영향을 끼쳤다.

했다. 그 약속은 그가 게으름 피우는 것을 막아 주었다.

비글호는 몇 번 출항을 시도했지만, 악천후 때문에 두 번이나 항구로 돌아올 수밖에 없었다. 비좁은 선실에 웅크리고 있어야 했던 다윈은 도저히 견딜 수 없을 것 같았다. 날씨마저 그를 우울하게 만들었다. 그는 외로움과 향수를 느꼈고, 배에서의 생활은 예상했던 것보다 훨씬 더 고약했다. 그는 그물 침대에서 해도가 놓인 탁자 위로 자주 떨어졌고, 뱃멀미로 뒤집히는 속을 다스리느라 더욱 괴로웠다. 슬프게도 다윈은 뱃멀미에 너무 약했다.

역사상 최고의 과학 여행, 비글호 항해

12월 27일 마침내 비글호는 출항했다. 다윈은 며칠 동안 심하게 앓았기 때문에 그물 침대에 누워 있을 수밖에 없었다. 그저 뱃멀미가 덜한 사이사이에 조금씩 건포도와 비스킷을 먹는 정도였다. 일찍이 그렇게 고생스러웠던 적이 없었다. 그의 대모험은 그렇게 아무런 신비감 없이 시작되었다.

하지만 상황은 곧 나아졌다. 뱃멀미에서 완전히 벗어난 것은 아니지만, 2주일이 지나자 상태가 조금씩 나아졌고 주위를 돌아볼 여유를 갖게 되었다. 그는 배에서의 아늑하고 친숙한 일상 생활이 꽤 만족스러웠다.

"비글호는 원하는 것이 모두 갖추어진, 아주 편안한 집이라는 것을 알았습니다. 뱃멀미만 없었다면 세계의 모든 사

비글호의 항로

람들이 선원이 되었을 겁니다."

그는 아버지에게 그렇게 편지를 썼다.

계획했던 대로 비글호는 세계를 일주했지만, 항상 직진만 한 것은 아니었다. 배는 아르헨티나와 칠레의 잘 알려지지 않은 해안을 조사하느라 3년을 보냈다. 그동안 여름에는 남쪽 위도에 있는 티에라델푸에고 부근에서 작업했고, 겨울에는 따뜻한 해안을 찾아 북쪽으로 올라갔다. 다윈은 포클랜드 제도와 티에라델푸에고를 포함한 많은 곳을 적어도 한번 이상 방문했다. 비글호가 여러 항구에 많이 정박했기 때문에 다윈은 배가 해안을 따라 왔다 갔다 하며 조사하는 동안 몇 주에서 몇 달을 해안에서 지내기도 했다.

이렇게 해안에 머무는 동안, 다윈은 내륙으로 과감하게 여행을 떠나기도 했다. 비글호가 남아메리카의 동해안에 있는 동안, 그는 말을 타고 960킬로미터나 되는 아르헨티나의 광대한 초원인 팜파스를 횡단하기도 했다. 나중에 배가 남아메리카 대륙의 서부 해안을 조사하고 있을 때는 소규모 탐험대를 조직하여 안데스산맥을 등반하고 돌아오기도 했다.

다윈에게 그 항해는 정말 발견의 여행이었다. 그는 모든 것에 흥미를 느꼈다. 눈에 보이는 모든 것이 자연 세계에 대한 그의 시야를 넓혀 주었다.

> **팜파스**
> 아르헨티나를 중심으로 펼쳐져 있는 대초원으로 팜파스는 인디오 말로 '평원'을 뜻한다. 반지름이 600~700km에 달하는 세계적인 농업 및 목축 지역이다.

브라질 열대 우림에서의 환희

비글호는 1832년 2월 브라질에 도착해 몇 달을 보낸 뒤, 남쪽으로 향했다. 탐험대를 조직해 브라질의 열대 우림으로 들어간 다윈은 지구의 그 어느 곳보다도 다양한 동식물 종들이 살고 있는 그 환경에 도취되었다. 다윈은 일지에 이렇게 썼다.

"'기쁨'이란 단어는, 처음으로 브라질의 숲속을 홀로 헤매 본 자연사학자의 감정을 표현하기에는 너무나 약하고 부족한 단어다."

그는 흥분해서 주변을 둘러보면서 자신이 막 눈을 뜬 맹인 같다고 생각했다.

열대 우림의 풍부한 생명체들은 그를 감동의 도가니로 몰아넣었다. 어느 날 다윈은 68종의 딱정벌레를 잡았고, 아침에 산책하는 길에 80종의 새를 사냥한 적도 있었다. 그는 앞에 놓인 모든 것을 먹어치우는 탐욕스러운 군대개미가 행진하는 끔찍한 모습도 목격했다. 그는 나무개구리가 유리판 위를 걸을 수 있는지 알아보는 실험을 하기도 했다. 또 거대한 나무줄기의 둘레도 측정했다.

그의 관심은 앵무새한테서 야자수로, 딱정벌레로, 난초로 옮겨갔다. "지금은 거미에 흠뻑 빠져 있습니다"라고 열정 가득한 편지를 헨슬로에게 보내기도 했다. 누나 캐롤라인에

딱정벌레

곤충강 딱정벌레목에 속하는 곤충들을 부르는 말. 곤충류에서뿐만 아니라 모든 동물 중에서도 가장 큰 목이다. 극지를 제외한 세계 각지에서 찾아볼 수 있으며, 현재 약 30여만 종이 알려져 있으며, 우리나라에만 약 8,000여 종이 있다.

게 쓴 편지에서, 그는 미지의 종을 조사할 때 "짠 구두쇠가 된 기쁨"을 느낀다고 즐거워했다. 다윈은 수집한 표본들을 정기적으로 상자에 담아 배편으로 헨슬로에게 보냈다. 그중에는 학계에 처음 알려진 것들이 많았다.

노예 제도의 끔찍함을 목격한 다윈

다윈의 발견이 항상 즐겁기만 한 것은 아니었다. 그는 브라질에서 처음으로 열대 열병에 걸렸고, 노예 제도의 끔찍함을 목격하기도 했다. 포르투갈 식민지 개척자들은 아프리카에서 많은 노예를 브라질로 수입했다. 다윈이 방문했던 시기에는 거의 대부분의 농장 일꾼과 하인들이 노예였다.

다윈이 자란 다윈가와 웨지우드가는 노예 제도를 혐오했다. 그래서 그는 어린 노예 소년이 말채찍으로 맞거나 노예 주인이 노예의 아내와 아이들을 팔아 버리겠다고 위협할 때 큰 충격을 받고 동요했다. 그는 브라질을 떠나면서 이렇게 썼다.

"내가 또다시 노예 국가를 방문할 일이 없음을 신에게 감사한다."

다윈은 노예 제도 문제를 놓고 피츠로이와 크게 다투었다. 선장은 노예 제도가 성경만큼 오래된 것이며, 대규모 농장에는 노예들이 필요하다고 주장했다. 그는 자신이 예전에 방문했던 농장에서는 노예들이 행복하게 살고 있었다고 주장했다. 그 농장 주인이 모든 노예들을 피츠로이 앞에 모아 놓고 자유를 갖고 싶은 사람이 있냐고 물었을 때, 그들은 하나 같이 "아닙니다"라고 대답했다는 것이다.

다윈은 피츠로이에게 과연 주인 앞에서 감히 자유를 원한다고 대답할 수 있는 노예가 있을지 생각해 보지는 않았냐고 빈정대며 물었다. 피츠로이는 화가 나서 다윈에게 당장 선실에서 나가라고 명령했다. 몇 시간 뒤 피츠로이는 다윈에게 사과했다. 그 사건 이후 다윈은 선장을 다시 보게 되었다.

피츠로이는 우수한 지휘관이었지만, 선원들은 그가 곁에 있을 때는 조심스럽게 행동해야 한다는 것을 모두 알고 있었다. 왜냐하면 그는 화를 잘 내고 변덕스러웠기 때문이다. 항해가 끝날 무렵 피츠로이는 심각한 우울증에 시달렸으며, 지휘권도 거의 포기해야 할 상태였다.

사라진 네발 동물들의 광대한 무덤, 아르헨티나

비글호는 다음 임무를 위해 아르헨티나로 향했다. 바람이 심한 평원과 황량하고 진흙투성이의 해안은 브라질 삼림보다 덜 화려했지만, 그곳 사람들은 다윈에게 많은 관심을 보였다. 푼타알타에서 그는 자갈과 점토 더미 안에 오래된 뼈들이 파묻혀 있는 것을 보고, 곡괭이로 파내기 시작했다.

그는 오래전에 멸종하여 학계에 전혀 알려져 있지 않았던 생물 화석들을 발굴해 냈다. 거대한 땅늘보와 아르마딜로 그리고 톡소돈이라는 하마 비슷한 생물, 멸종한 남아메리카 코끼리 등이었다. 다윈은 아르헨티나 평원을 "사라진 네발 동물들의 광대한 무덤"이라고 불렀다.

그는 자신의 발견이 세계가 오래전에 어떻게 생겼는지 그림 조각을 맞추는 데 도움을 줄 수 있을 것이라고 믿었다. 아메리카 대륙이 "거대한 괴물들로 우글거리던" 시대를.

현재 살고 있는 남아메리카의 맥, 나무늘보, 구아나코, 아르마딜로 등이 과거의 거대한 생물들의 자손이라고 믿었던 다윈은 종 사이에 어떤 관련성이 있는지 생각하기 시작했다. 그는 한 대륙 내에서 죽은 것들과 살아 있는 것들 사이의 관계가 종이 출현하고 사라지는 방식을 연구하는 데 큰 도움이 되리라는 것을 알았다.

폭풍우, 매서운 맞바람, 진눈깨비, 침입을 허용하지 않는 바위 해안, 얼음, 비에 흠뻑 젖은 삼림은 티에라델푸에고 주변을 세계에서 가장 힘든 항로로 만들었다. "그런 해안을 본 초보 선원은 일주일 동안 난파, 조난, 죽음 등에 대한 꿈을 꾸게 될 것"이라고 다윈은 기록했다.

비글호는 이전 항해 때 배의 이름을 따서 명명된 비글 해협이라는 해로를 통해 이 위험한 지역을 몇 번 방문했다. 이곳에서 다윈은 거대한 파도 속으로 뛰어들어 위험에 빠진 상륙 전초 부대를 구조하기도 했다. 피츠로이는 그 일을 기

화석
약 1만 년 전인 지질시대에 생존한 생물들의 몸이나 뼈, 흔적 등이 퇴적물 중에 묻힌 채로 또는 땅 위에 그대로 보존되어 남아 있는 것들을 말한다. 매머드 화석 같은 경우는 빙하시대부터 얼어붙어 있는 얼음 속에서 발견되어 몸집뿐만 아니라 살덩이까지 생생하게 보존되어 있다.

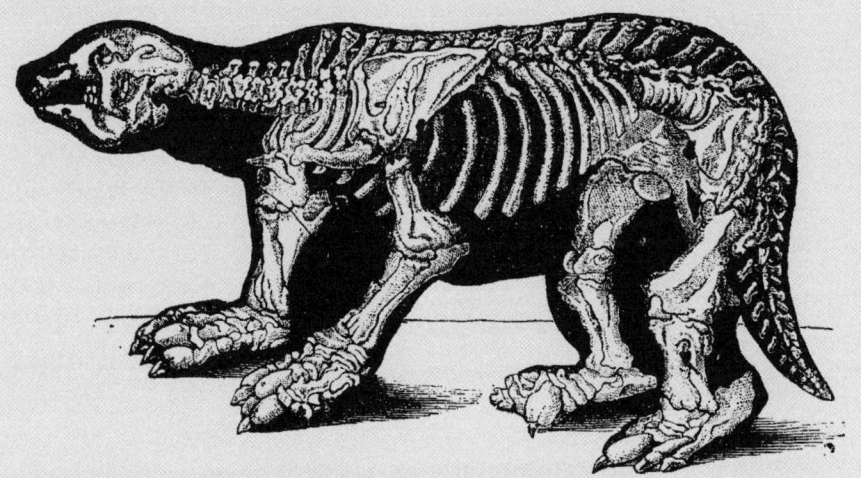

다윈은 아르헨티나 평원에서 발굴된 수많은 멸종된 생물들 중 거대한 땅늘보의 일종인 메가테리움의 골격을 재구성한 그림을 발표했다.

넘하기 위해 2,000미터가 넘는 봉우리에 다윈이라는 이름을 붙여 주었다.

야만이 하룻밤에 개화할 수 있을까?

피츠로이는 이전에 티에라델푸에고를 방문했을 때, 푸에고 원주민 세 명을 고용한 적이 있었다. 그는 그들에게 요크민스터(영국 성당의 이름을 따서), 제미 버튼(피츠로이가 커다란 단추를 그의 어머니에게 주고 그를 샀기 때문에), 푸에기아 배스킷(바구니를 들고 다니는 것을 좋아했기 때문에)이라는 이름을 붙여 주었다.

피츠로이는 그들을 런던으로 데리고 갔다. 그들은 그곳에서 기독교, 농학, 의복, 숟가락과 포크의 사용법 등 다양한 문명 생활을 배웠다.

이제 비글호는 그들을 다시 티에라델푸에고로 돌려보냈다. 그리고 지구상에서 가장 뒤처진 푸에고인들에게 새로운 문명을 전파하기 위해 성공회 선교회의 젊은 선교사 한 명을 딸려 보냈다. 하지만 선장의 실험은 철저한 실패로 끝났다. 개화한 푸에고인들은 곧바로 그들의 본래 생활 방식으로 돌아갔고, 젊은 선교사는 다시 비글호에 타겠다고 요구했다. 피츠로이는 제미 버튼에게 돌아가자고 제안했지만, 그는 고향에 남겠다고 했다.

마침내 비글호가 티에라델푸에고에서 출항할 때, 다윈은

제미가 신호로 올린 봉화 연기를 보았다.

"배가 먼 바다로 나갈 때까지, 오랫동안 작별을 고하고 있었다."

푸에고인 일화는 다윈을 일깨운 하나의 사건이었다. 대다수의 유럽인들처럼 서구의 생활 양식이 가장 발전된 것이라고 굳게 믿었던 그는 '야만'이 하룻밤에 '개화'한다는 생각이 잘못된 것임을 깨달았다.

다윈은 푸에고인, 오스트레일리아 원주민 등 토착민들은 그들의 운명에 맞게 살아가도록 놔두어야 한다고 결론지었다. 하지만 그는 유럽 식민주의의 팽창과 근대적 경제 질서가 그들의 생존을 위협하리라는 것을 정확히 내다보고 있었다.

생명은 환경 변화에 맞춰
끊임없이 변화한다는 사실을 깨닫다

1834년 6월 비글호는 남아메리카 서부 해안에 도착해, 그곳에서 일 년 이상 머물렀다. 이 시기에 다윈은 지질학에 푹 빠졌는데, 우편으로 받은 라이엘의 《지질학 원리》 두 번째 권에 자극을 받았기 때문이다.

그는 지질 탐사용 망치를 들고 안데스산맥의 암석 형성 과정을 조사했다. 해발 약 4,000미터에 이르는 안데스산맥은 석화된 나무숲과 조개껍데기 화석들이 널려 있는, 지구상에서 가장 젊고 바위가 많은 산맥이었다.

선장이 그린 비글호의 푸에고인 탑승객들
푸에기아 배스킷(위 왼쪽), 제미 버튼(중앙 좌우), 요크 민스터(아래 좌우). 다윈은 피츠로이가 이 푸에고인들에게 서구의 문명을 강요하는 데 실패하는 것을 목격했다.

안데스산맥

남아메리카 서쪽에 있는 산맥으로 길이는 약 7,000km이고, 평균 해발고도는 약 4,000m이다. 또 태평양 연안을 따라 일곱 나라에 걸쳐 뻗어 있다. 북쪽으로는 파나마 지협을 거쳐 시에라마드레·로키 산맥과 연결되며, 남쪽으로는 드레이크 해협에서 바닷속으로 들어갔다가 남극반도로 이어진다.

또 그는 화산이 폭발하는 장면도 보았고, 지진이 일어났을 때도 살아남았다. 지표면이 요동치고 끊임없이 변화하는, 이런 극적인 증거들에 감명받은 다윈은 생명의 물리적 조건들이 유동적이며 변화한다고 결론지었다.

자신이 발견한 화석 종들이 살아 있는 생물들과 비슷하면서도 다르다는 생각과 지질 관찰을 통해 얻은 결과는 생명 자체가 유동적이며 환경 변화에 맞춰 영원히 변화하는 것이라는 깨달음을 주었다.

5년 동안의 항해를 마치고 고국으로

비글호의 주요 임무는 남아메리카 해안을 조사하는 것이었다. 일단 그 임무를 완성하고 난 뒤, 비글호는 갈라파고스 제도에 한 달 동안 머물렀다가 1835년 10월 서쪽으로 기수를 돌려 고국으로 긴 항해를 떠났다.

고국으로 가는 도중에 비글호는 타히티, 뉴질랜드, 오스트레일리아와 수많은 섬에 들렀다. 그러나 시간이 너무 짧았고, 남아메리카에서 만끽했던 것 같은 지속적이고 여유 있는 탐사 여건이 조성되지 못했다. 그래도 다윈은 시간을 잘 활용하여 태평양과 인도양에서는 산호초와 석호를 조사했고, 오스트레일리아의 강에서는 놀고 있는 오리너구리 한 쌍을 관찰했으며, 대서양의 어센션섬에서는 화산 비탈에서 표본을 떼어 내기도 했다. 또 고독한 세인트헬레나에서는 나폴레옹 보나파르트의 무덤 주변을 거닐기도 했다.

이 무렵 항해 일정은 그 누구도 예측하지 못할 만큼 길어졌고, 다윈과 동료 선원들은 고향으로 빨리 돌아가고 싶은 마음뿐이었다. 피츠로이가 천문 관측을 해야 한다며, 영국으로 돌아가기 전에 대서양을 횡단했다가 마지막에 브라질에 들러야 한다고 하자 모두들 침울한 표정을 지었다. 귀환이 늦어진다는 것을 안 다윈은 누나 수전에게 기분 나쁜 투로 편지를 썼다.

"너무 끔찍해. 난 바다가 싫어. 그 위를 항해하는 배도 전부 싫어."

그러나 비글호는 브라질에서 며칠 동안 머물렀다가 바로 영국으로 출발했다. 마침내 다윈의 일지도 끝났다.

"10월 2일, 우리는 영국 해안에 도착했다. 그리고 팰머스에서 나는 거의 5년 동안 있었던 멋진 작은 함선 비글호를 떠났다."

세인트헬레나

아프리카 대륙 서쪽 기슭에서 약 1,900km 떨어진 남대서양에 있는 영국의 식민지 섬. 나폴레옹의 유배지로 유명하다. 나폴레옹은 1815년 10월 영국 군함에 호송되어 1821년 5월 사망할 때까지 이 섬의 동쪽 해안에서 유배 생활을 했다.

종이란 무엇인가

다윈의 어떤 책을 보더라도 종에 관한 수많은 참고문헌들이 언급되어 있다. '종'이라는 단어는 그의 진화론을 소개한 《종의 기원》(1859)에서 보듯이 제목에도 나타난다. 그러나 《종의 기원》에서 다윈은 종이 정확히 무엇인지 알고 있는 사람은 아무도 없다고 말했다.

종은 생물 분류학의 기본 단위다. 분류학은 동물과 식물을 유사점과 차이점에 따라 특정한 분류군으로 구분하는 과학이다.

현대 분류학의 토대를 쌓은 것은 스웨덴 학자 카롤루스 린나이우스였다. 그는 생물을 분류하는 일에 평생을 바쳤다. 그는 모든 생물을 식물계와 동물계라는 두 집단으로 나누었다(현대 생물학자들은 식물계, 동물계, 균계, 작은 단세포 생물들의 두 계 등 5가지로 분류한다.)

이 광범위한 분류군들은 문, 강, 목, 과, 속, 종이라는 하위 분류군들로 더 세분된다. 생물학자들은 가끔 여기에 아문, 아과, 아종, 변종 같은 분류군을 덧붙이기도 한다.

또 린나이우스는 오늘날 종을 식별하는 데 쓰이는 라틴어식 이명법을 발명하기도 했다. 이 이름의 앞부분은 속, 즉 연관되어 있는 종들의 집단을

> 종은 서로 짝을 맺을 수 있고,
> 번식이 가능한 자손을 낳을 수 있는
> 개체군이다.

식별하는 명칭이고, 뒷부분은 개개의 종을 식별하는 명칭이다. 예를 들어 판테라(*Panthera*)속은 몇몇 대형 고양이 종류를 뜻하고, 판테라 레오(*Panthera leo*)는 사자를 의미한다. 여기에 세 번째 이름이 추가되면 아종을 뜻한다. 예를 들어 아시아사자는 판테라 레오 페르시카(*Panthera leo persica*)라고 부른다.

그래도 여전히 의문은 남는다. 과연 종이란 무엇인가?

다윈은 현대 생물학자들과 마찬가지로, 서로 짝을 맺을 수 있고 번식이 가능한 자손을 낳을 수 있는 개체군을 종이라고 정의했다.

한 종이 다른 종들과 번식을 하지 못하도록 막는 다양한 장벽들이 있다. 생물학자들은 이것을 생식적으로 격리되어 있다고 한다. 이종 교배를 막는 가장 큰 장벽은 단순히 대다수의 종들이 이종 교배를 시도조차 하지 않는다는 것이다. 말과 당나귀의 짝짓기처럼 설령 종 사이의 상호 교배가 일어난다고 하더라도, 부모가 유전적으로 서로 다르기 때문에 그 자손은 대개 불임이 된다. 일부 야생 동식물들은 서로 밀접하게 연관된 종 사이에 번식이 가능한 자손을 낳기도 한다. 하지만 이들의 생식적 격리는 다른 장벽에 의해 더 강화된다.

산맥이나 강에 의해 서로 떨어진 지역에서 살 수도 있는데, 이것을 지리적 격리라고 한다. 예를 들어, 다윈이 갈라파고스 제도에서 보았던 다양한 종류의 거북들은 서로 짝을 지을 수는 있지만, 그들은 각 섬에 고립되어 있었다. 같은 지역에 사는 종이나 아종이 서로 생식적으로 격리될 수도 있다. 서식지나 번식 시기가 서로 다르기 때문이다.

오늘날 과학자들은 같은 종의 생물들이 동일한 유전물질을 공유하고 있기 때문에 짝짓기가 가능하다는 것을 안다. 다른 종 사이의 관계를 명확히 규명하기 위해 유전학을 이용하는 일도 점점 늘고 있다.

예를 들어 1980년대에 원숭이와 인간의 유전물질을 연구하던 몇몇 연구자들은 인간과 침팬지가 인간과 고릴라 또는 침팬지와 고릴라보다 서로 더 밀접한 연관이 있다는 것을 발견했다.
교배 실험과 유전물질이 언제나 유용한 것은 아니다. 그리고 생물학자들은 오랫동안 행동, 색깔, 해부 구조, 생태적 지위 같은 형질들을 이용해 종을 구별해 왔다. 또 종의 경계선이 항상 명확한 것도 아니다. 어떤 생물학자들은 병합론자로 불린다. 그들은 불필요한 세분을 피하고 아종을 본종에 묶는다. 반면 세분론자들은 작은 차이들을 근거로 삼아 분류군을 더 작은 분류군으로 나누는 경향이 있다.

그러나 관찰자가 과학적 지식이 풍부한 과학자이든 전래된 민간 지식을 갖춘 토착 사냥꾼이든 간에, 종을 식별하는 방식은 시간의 흐름과 관계없이 거의 변화가 없었다.

뉴기니의 우림 지역에서 서구 동물학자들은 700종이 넘는 새를 관찰했다. 이 가운데 일부는 자세히 살펴보지 않으면 식별하기가 매우 힘들다.

그러나 나중에 알았지만, 섬 주민들도 미묘한 단서를 이용해 그들을 구별할 수 있었다.

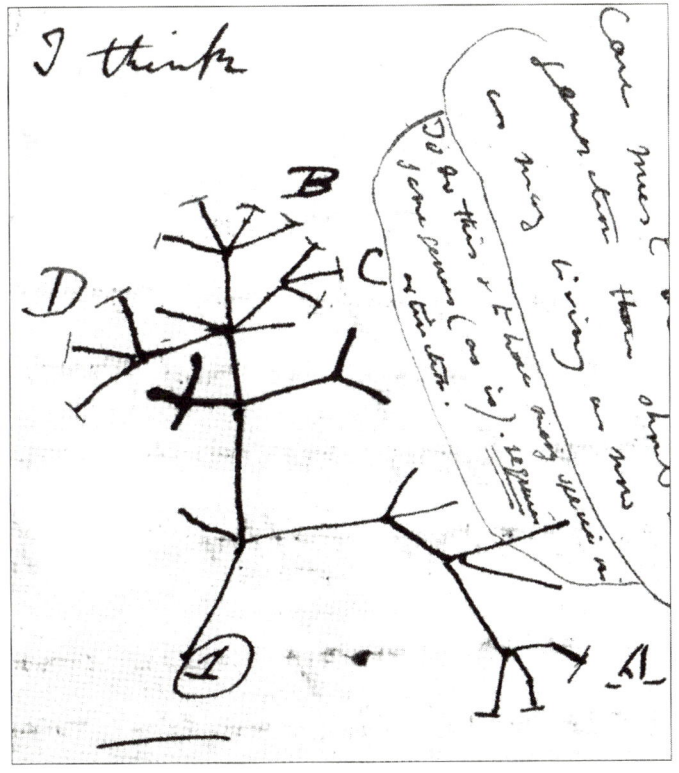

1836~1844년 사이 다윈이 노트 속에 그린 〈진화 계통도〉
그는 어떻게 부모 종으로부터 새 종이 갈라져 나오는지 연구하고 있었다.

ts
인류의 기원을 파헤친
《종의 기원》

1836년 10월 비글호가 팰머스 항구에 닻을 내리자마자, 다윈은 서둘러 집으로 가 가족과 재회의 기쁨을 나누었다. 그리고 나서 그는 여행의 산물들을 정리하는 길고도 힘든 작업에 들어갔다.

770쪽의 일지, 지질학과 동물학에 관한 내용을 기록한 수많은 공책들, 수천 점의 새와 식물과 곤충과 암석 표본들. 그는 동물 표본을 새, 곤충 등으로 나누고, 분류와 자세한 기록은 각 부분의 최고 전문가들에게 부탁하겠다고 마음먹었다.

비글호 항해의 성과물

다윈 자신이 이미 어느 정도 명성을 얻은 상태였기 때문에, 몇몇 저명한 자연사학자들의 도움을 받을 수 있었다. 몇 년에 걸쳐 그가 보냈던 화석과 표본들을 받은 헨슬로는 크게 흥분했다. 게다가 헨슬로는 다윈의 편지들을 동료 자연사학자들에게 돌렸고, 그들은 큰 관심을 보였다. 과학계는 다윈에게 많은 기대를 품었다.

애덤 세지윅은 다윈이 다녔던 슈루즈버리 학교의 교장에게 다윈이 유럽 자연사학자들 사이에서 명성을 떨칠 것이라고 말했다. 아버지는 이 말을 전해듣고 크게 기뻐했다. 그리고 다윈이 돌아오자마자 만나서 평생 동료가 되었던 지질학자 찰스 라이엘은 다윈을 런던지질학회 회원으로 가입시킬 정도로 이 젊은 자연사학자의 연구에 깊은 감명을 받았다.

항해에서 돌아온 뒤 몇 년 동안, 다윈은 (사람들 앞에 모습을 드러낼 때마다 언제나 무대 공포증으로 고생하면서도) 이 학회의 모임에서 많은 과학 논문들을 발표했고, 이 학회의 간사를 맡기도 했다.

항해의 결과를 정리해 출판하려고 준비하던 다윈은 그제야 많은 시간이 필요하다는 것을 알았다. 마침내 인생의 진정한 방향을 발견한 것이다. 신부가 되겠다는 계획은 슬그머니 없던 일이 되었고, 아버지는 아들이 마음 놓고 자연사에 몰두할 수 있도록 도와주었다.

지질학의 창시자인 찰스 라이엘은 다윈에게 영감을 준 사람이었다. 하지만 라이엘이 다윈의 생각을 지지하지 않는다고 공개적으로 말했을 때, 다윈은 크게 실망하고 말았다.

또 다윈은 《비글호 항해의 동물학》이라는 엄청난 두께의 책을 출판하기 위해 정부 보조금을 받았다. 이 책은 그의 수집품들을 연구하던 자연사학자들이 저술한 것으로, 다윈은 이 책을 다섯 권으로 편집했다. 그리고 다윈은 항해하면서 겪은 경험들도 책으로 쓰고 싶어했다.

슈루즈버리와 케임브리지에서 몇 달을 보낸 뒤, 그는 과학학회 및 동료 자연사학자들과 가까이 지내기 위해 런던에 방을 얻어 작업에 착수했다.

인생에서 가장 큰 결정, 결혼

다윈은 런던을 싫어했다. 그는 런던이 태양의 죽음을 애도하듯 검댕과 그을음과 안개로 어두컴컴하다고 불평했다. 하지만 런던의 지식인 사회는 불꽃을 튀기고 있었다. 형 라스와 새 동료 라이엘을 통해 다윈은 저명한 수학자인 찰스 배비지의 집에서 열리는 파티에 초대받았다. 그곳에서 그는 과학계의 명사들, 세련된 숙녀들, 역사가인 토머스 칼라일 같은 유명한 저술가들과 사귀었다.

바쁜 사교 활동과 연구에 몰입해 지내면서 다윈은 외로움을 느끼기 시작했다. 1838년이 되었을 때, 그는 새로운 모험을 해야 할지 고심하고 있었다. 바로 결혼이었다.

그는 결혼 생활의 장점과 단점을 목록으로 만들어 보았다. 장점은 아이들이 생기고 집안을 돌볼 누군가가 있다는 것, 그리고 어쨌든 어떤 애완 동물보다도 나은 동료가 생긴다는 것이다. 단점은 책을 살 돈이 줄어든다는 것과 무엇보다도 가장 끔찍한 일은 시간이 부족해진다는 것이다.

하지만 장점이 단점을 눌렀고, 다윈은 사촌인 엠마 웨지우드에게 청혼했다. 그녀는 그의 청혼을 받아들였고, 그들은 1839년 1월에 결혼했다.

결혼하겠다는 다윈의 결심이 왠지 계산적으로 보일 수도 있지만, 그들은 서로 사랑했고 행복했다.

그들은 서로 잘 어울렸다. 다윈은 자신을 돌봐 줄 사람이 필요했고, 엠마는 남편 돌보는 일을 즐기는 쾌활하고 상냥

한 여성이었다. 그들의 결합은 다윈가와 웨지우드가 사촌들 사이에 있었던 혼인들 중 하나였고, 이를 통해 두 집안의 결속은 더욱 단단해졌다.

조사이어 웨지우드 2세는 결혼 선물로 그 부부에게 상당한 재산을 주었다. 이 재산은 로버트 다윈이 준 재산과 더불어 찰스 다윈과 그의 가정이 경제적으로 편안하게 지낼 수 있게 해주었다. 다윈은 생계를 유지하기 위해 돈을 꼭 벌어야 할 필요도 없었을 뿐만 아니라 투자를 통해 부자가 되었다.

엠마 웨지우드는 다윈의 헌신적이고 사랑스러운 아내였다. 비록 과학에 별 관심이 없었고 다윈의 몇몇 생각에 불안해하긴 했지만.

수준 높은 과학 여행기, 《비글호 항해기》

찰스와 엠마가 맨 처음 살게 된 집은 런던의 임대 주택이었다. 그들이 이사했을 때, 다윈은 자신의 책과 암석을 비롯한 과학 물품들이 널려 있는 것을 보고 자신도 "깜짝 놀랐다"라고 했다. 엠마가 어떤 반응을 보였는지는 기록되어 있지 않지만.

몇 달 뒤, 다윈의 첫 번째 책이 출판되었다. 비글호 항해에 관한 책으로, 피츠로이 선장의 항해기와 다른 비글호 선원들이 쓴 책, 그리고 세 번째가 다윈이 쓴 책이었다.

다윈은 사람들이 그 책을 어떻게 받아들일지 걱정하며 반응을 기다렸다. 그의 걱정은 기우에 불과했다. 그의 책은 비글호 항해기들 중에서 가장 잘 쓰여졌고 가장 재미있다는 찬사를 받았다. 라이엘과 다른 과학자들은 그 책에 칭찬을 아끼지 않았고, 다윈의 영웅인 알렉산더 폰 훔볼트도 지금까지 출판된 여행기 중 가장 잘 쓴 편이라고 말했다.

다윈의 책은 잘 팔렸고, 나중에는 《연구 일지》와 《비글호 항해기》 같은 제목을 달고 다시 간행되었다. 다윈은 자신이 글을 쓸 수 있다는 것, 그것도 잘 쓴다는 데 가슴이 뿌듯했다. 그는 헨슬로에게 이렇게 썼다.

"내가 여든 살까지 산다고 해도, 내 자신이 작가임을 느꼈을 때의 경이로움에서 벗어나지 못할 것입니다."

그리고 그는 겸손하게 덧붙였다.

"이 경이로운 변화는 모두 당신 덕분입니다."

연구로 급격하게 쇠약해진 다윈의 건강

1839년 12월이 되자, 찰스와 엠마 부부의 첫 아이인 윌리엄 이래즈머스가 태어났다. 다윈은 엠마의 건강을 걱정했는데, 당시에는 아이를 낳다가 죽는 여성들이 많았기 때문이다. 나중에 그는 아들이 건강한 것을 보고 기뻐했다.

다윈은 새로운 종에게 정성을 쏟던 것과 똑같이 아기를

1842년 다윈이 큰아이 윌리엄과 찍은 사진
이보다 몇 년 앞서, 다윈은 건강이 많이 나빠져 고생했고, 남은 평생 후유증에 시달려야 했다.

주의 깊게 관찰했다. 그는 아기의 얼굴 표정을 자세히 들여다보면서 공책에 빽빽이 기록했고, 그것을 런던 동물원에 있는 오랑우탄인 제니의 표정과 비교했다. 그는 그 둘이 비슷한 것에 매료되었다. 그 뒤로 다윈은 평생 동안 사람과 동물의 얼굴 표정과 감정에 관심을 갖게 되었다.

이 시기에 다윈의 건강은 크게 나빠졌다. 몇 달 동안 그는 꿰뚫는 듯한 두통과 위장 장애, 구토 증세, 쓰라린 피부 발진, 심장 부근의 떨림과 고통, 전신 쇠약으로 고생했다.

그 후 약 25년 동안, 그는 약해진 건강과 과중한 피로감으로 계속 고통을 겪어야 했다. 그럴 때는 하루에 겨우 몇 시간밖에 일할 수가 없었다. 나중에는 건강이 크게 나빠져 몇 달 동안 일을 전혀 못 할 때도 있었다.

젊은 시절 스포츠맨이었고, 두려움 없이 아르헨티나의 팜파스 대초원을 말을 타고 달렸으며, 안데스산맥을 넘었던 모험가였던 그는, 친구들이 찾아와 밤을 새우는 일이 생기면 혹시나 건강이 더 악화되지는 않을까 두려워하고 만성적인 병에 시달리는 쇠약한 사람이 되었다.

다윈의 병에 대한 여러 가지 추측

많은 사람들은 다윈의 병이 무엇이었는지 추측해 왔다. 다윈 시대엔 어떤 의사도, 심지어 그의 아버지까지도 다윈을 힘들게 했던 병의 원인이 무엇인지 알아낼 수 없었다. 그가 죽은 뒤에도 연구자들은 다윈이 기록한 증상들을 단서로 계속해서 진단을 내렸다. 한동안 사람들은 그가 남아메리카에서 체력을 저하시키는 어떤 열대 질병에 걸린 것이 아닐까 추측했다. 그는 샤가스병을 옮기는 곤충에 여러 번 물렸다고 한다. 샤가스병은 고열을 동반하고 간 같은 장기를 손상시키는 열대 질병이다.

샤가스병
브라질을 중심으로 한 남아메리카와 중앙아메리카에서 볼 수 있는 전염병으로, 브라질 수면병이라고 한다. 침노린재라는 빈대와 비슷한 곤충에 물리면 감염된다.

하지만 다윈의 증세는 샤가스병의 증세와 완전히 똑같지는 않았다. 그가 그 병을 다소 가볍게 앓았을지도 모른다는 전문의들의 의견도 있다. 하지만 열대 질병에 걸린 사람들 대부분은 일찍 사망한 반면, 다윈은 일흔세 살까지 장수했다. 그리고 그의 건강은 생의 마지막 10여 년 동안 오히려 그전보다 더 좋았다.

최근의 학자들 중에는 다윈의 병이 몸의 병이라기보다는 심리적인 불안 때문이라고 믿는 사람들도 있다. 뉴욕의 정신과 의사인 랠프 콜프 주니어는 오랫동안 다윈의 병을 규명하는 일을 해왔다. 그는 1977년에 펴낸 《병자 되기: 찰스 다윈의 병》이라는 책에서 다윈의 육체적 증세는 그가 진화 개념을 놓고 내면적으로 갈등했다는 증거라고 주장했다.

다윈은 한편으로는 자신의 이론이 진실이라고 확신했지만, 다른 한편으로는 기존에 확립된 생명관과 모순된다며 자신에게 쏟아질 경멸과 분노를 두려워했다. 콜프는 이 두 강력한 감정 사이의 긴장이 다윈을 병들게 했다고 보았다.

영국의 정신과 의사인 존 볼비도 다윈의 병이 심리학적 원인에 의한 것이라는 콜프의 견해에 동의했다. 그러나 그는 그 원인이 어린 시절의 정서적 충격 때문이라고 생각했다. 어머니의 죽음과 어린 다윈이 결코 밖으로 표현하지 않았던 슬픔이 주원인이라는 것이다. 자신의 책《찰스 다윈: 새로운 인생》(1990)에서 볼비는 과호흡 증후군으로 알려진 병에 대해 썼다. 이 병은 정서적 긴장과 관련이 있으며, 다윈의 증세와 유사하다. 콜프와 볼비는 다윈이 가정 생활이나 연구를 하면서 겪는 위기 때문에 생기는 불안, 초조, 위장 장애로 장기간 시달렸을 것이라고 생각했다.

오래전에 사망한 사람을 진단하는 일은 추측에 불과할지 모른다. 하지만 이제 많은 전문가들은 다윈의 병이 육체적 및 정신적 이상이 결합되어 나타난 것일 수 있다는 데 동의한다. 열대 지방에서 감염되었을 어떤 질병이 정신적 스트레스와 상호 작용했을 수도 있다. 원인이야 어떻든 되풀이해서 찾아오는 증세는 매우 심각했으며, 그는 아플 때마다 일할 시간이 줄어드는 것을 매우 안타까워했다.

새 보금자리, 다운하우스에서의 생활

1842년 다윈은 런던 외곽 켄트 카운티의 시골 마을 다운에 다운하우스라는 집을 장만했다. 다윈은 새집을 사랑했다. 그곳은 도로와 검댕 대신 꽃과 나무들로 둘러싸여 있었다. 그는 커다란 방을 서재로 만들고 책과 진행 중인 연구 노트와 관련 자료들로 가득 채웠다.

집은 늘어나는 다윈의 가족뿐 아니라 하인들까지 모두 받아들일 수 있을 만큼 넓었다. 1856년까지 그와 엠마 사이에서는 모두 열 명의 아이가 태어났다. 윌리엄, 앤(애니), 메리, 헨리에타(에티), 조지, 엘리자베스(베시), 프랜시스, 레너드, 호레이스, 찰스. 이 중 메리와 찰스는 아기 때 죽었고, 애니는 10살 때 중병을 앓다가 죽었다. 다윈은 그때의 슬픔을 결코 잊지 못했다.

다운하우스에서의 생활은 조용하고 평범한 나날들이었으며, 다윈은 거의 특별한 일 없이 남은 평생을 편안하게 지냈다. 그는 집 주위의 숲 주변을 따라 나 있는 모랫길 샌드웍을 산책하는 일로 하루를 시작했다.

아침 식사를 하고 나면, 여덟 시부터 아홉 시 반까지 연구와 관련된 글을 썼고, 그러고 나서 그날 도착한 우편물을 읽었다. 열 시 반이 되면 다시 한 시간 정도 연구했고, 그런 다음 또 한번 샌드웍을 한 바퀴 돌았다. 이때 가끔 차가운 소나기를 만나기도 했는데, 그는 그것이 건강에 좋다고 믿었.

점심을 먹고 난 뒤에는 응접실에서 신문을 읽고 편지를 썼다. 세 시가 되면 한 시간 동안 침실에서 휴식을 취했다. 이때 엠마는 그에게 소설을 읽어 주었다. 오후 늦게 다윈은 다시 산책을 하고 한 시간 가량 연구를 했다. 아이들이 성장하면서 정원에서 아이들과 놀다가 그의 생활 시간표가 어긋날 때도 많았다.

시골 마을에 있는 다운하우스는 런던의 검댕과 소음으로부터 벗어나 있어 다윈이 매우 사랑하던 곳이었다. 세월이 흐를수록 다윈은 친숙하고 편안한 이 집에서 더욱더 벗어나고 싶어 하지 않았다.

그는 저녁을 먹고 나서 엠마와 주사위놀이 하는 것을 좋아했다. 그는 점수를 꼼꼼히 적어 두었는데, 이런 세심함은 그가 사실을 수집하고 기록하는 일에 열심이었다는 것을 보여 준다. 나중에 친구인 미국 식물학자 에이서 그레이에게 자신이 2,795번을 이겼고, 엠마가 2,490번을 이겼다고 말할 정도였다. 그런 다음 한두 시간가량 과학 서적을 읽은 뒤, 열시 반에 잠자리에 들었다.

다윈은 가끔 건강을 위해 휴양지에 가기도 하고 런던에 있던 형 라스를 만나러 가기도 했다. 하지만 시간이 지나면서 다윈이 다운하우스를 떠나는 일은 점점 더 줄어들었고, 대신 손님들이 늘어났다. 집안 사람들도 있었지만, 헨슬로나 라이엘 같은 과학계의 동료들이 자주 찾아왔다.

다윈의 가장 든든한 지지자, 후커와 헉슬리

다윈이 아주 반겼던 손님 가운데 1839년에 만난 식물학자인 조지프 후커가 있다. 나중에 후커는 다윈의 첫 인상을 이렇게 회상했다.

"꽤 큰 키, 넓은 어깨, 구부정한 자세, 말할 때 짓는 유쾌하고 활기찬 표정, 짙은 눈썹, 약하지만 부드러운 목소리를 지닌 사람이었다."

후커는 다윈을 존경했고 다윈의 비글호 항해 같은 과학 탐험 항해를 꿈꾸고 있었다. 결국 그는 남극 대륙과 히말라

후커 1817~1911

영국의 식물학자. 1839년부터 남극탐험대 외과의사 조수로 참가하며, 남태평양 제도, 뉴질랜드, 태즈메이니아 등지에서 식물을 연구했으며, 그 뒤 네팔, 벵골, 북아프리카의 아틀라스산맥과 로키산맥 지방을 여행하며 조사했다. 식물분류학과 식물지리학에 큰 공을 세웠다.

헉슬리 1825~1895

영국의 동물학자. 1846년부터 호주 방면으로 항해하면서 바다동물의 생태를 조사하였고, 특히 해파리 연구로 유명하다. 그는 다윈이 진화론을 발표하자 진화론을 알리는 데 앞장섰다. 저서로 《자연에서 인간의 위치》가 있다.

야산맥으로 여행을 떠났다. 후커는 다윈의 가장 절친한 친구가 되었고 다윈의 개념을 가장 확고하게 지지한 사람이기도 했다.

1850년에 다윈은 토머스 헨리 헉슬리라는 젊은 동물학자를 알게 되었다. 헉슬리는 비글호 항해와 같은 세계 일주 항해를 마치고 막 돌아온 참이었다. 후커처럼 헉슬리도 다윈의 가까운 친구가 되었고, 자주 방문하는 손님이자 다윈의 열렬한 지지자가 되었다.

세 권짜리 《비글호 항해의 지질학》

다섯 권으로 된 《비글호 항해의 동물학》은 다윈의 주석과 보완을 거쳐 1839년에서 1843년 사이에 출간되었다. 이 책이 완성될 때쯤, 다윈은 비글호 항해에 관한 책을 썼고, 또 《비글호 항해의 지질학》이라는 세 권짜리 연구서를 쓰기 시작한 상태였다. 산호초를 다룬 첫째 권은 1842년에 출간되었다.

이 책에서 다윈은 산호초 형성 이론을 전개했다. 타히티를 비롯한 인도양 여러 섬들의 산호초를 연구한 그는 산호라고 불리는 작은 생물들은 따뜻하고 얕은 바닷물에서만 살 수 있기 때문에, 해저가 아주 서서히 가라앉을 때 오래된 산호초 위로 새로운 산호 군체가 계속 형성된다고 설명했다.

이런 식으로 산호초는 가라앉고 있는 원뿔 모양의 화산 정상에 환상 산호섬이라는 고리 형태를 이루면서 깊은 바다 속에서 솟아오른다. 즉 산호초는 바닥 쪽은 죽고 맨 꼭대기만 살아 있는 것이다. 산호초 형성 과정을 설명한 다윈의 관점은 지금도 옳다고 인정받고 있다.

산호초
석산호류의 분비물이나 유해 등으로 이루어진 석회질의 암초이다. 산호초는 최저 수온이 20℃ 이하로 내려가지 않는 온대와 열대 지방 바다에 걸쳐 볼 수 있다. 산호초 주위에는 홍조류, 성게, 불가사리, 해삼, 말미잘 등이 많다.

다른 두 권은 화산섬(1844)과 남아메리카의 지질(1846)을 다루고 있다. 이 세 권은 라이엘과 다른 과학자들에게서 대단한 찬사를 받았다. 그들은 다윈의 관찰과 식견을 높이 샀을 뿐 아니라 설명하는 문체에도 칭찬을 아끼지 않았다.

1846년 10월 지질학 총서를 완결한 뒤, 다윈은 오랜 조언자인 헨슬로에게 편지를 썼다.

"비글호에 관련된 책을 모두 출간하고 나니 얼마나 속이 후련한지 상상도 못할 겁니다."

그도 그럴 것이 다윈이 5년 동안의 항해 결과를 출간하는데 거의 10년이나 걸렸기 때문이다. 그러나 사실 다윈이 비글호 항해를 다룬 책을 완성한다는 것은 거의 불가능한 일이었다. 주요 연구는 이루었지만, 그 뒤로도 그는 그 발견의 항해에서 품은 과학적 의문에 계속 매달려 있었다.

살아 있는 종과 멸종한 종 사이에 어떤 유사성이 있을까

비글호 항해가 끝난 뒤, 다윈은 한 번도 영국을 벗어난 적이 없다. 19세기의 수많은 자연사학자들이 가장 멀고 위험한 오지까지 앞다투어 현장 여행을 떠났지만, 다윈은 편안한 가정에서 조용히 명상하며 글을 쓰는 생활에 안주했다. 그러나 그는 이 시기에 첫 번째 여행보다 더 모험적인 두 번째 여행에 나섰다. 여행은 지도에도 없는 새로운 영역 저 너머로 지식의 경계선을 확대시키는 정신의 여행이었다.

1837년, 그는 표본들을 정리하고 항해에 관한 글을 쓰면서, 자신의 사유를 점점 더 사로잡고 있는 한 가지 주제를 남몰래 연구하기 시작했다. 그는 그 주제를 종의 변화 혹은 변환이라고 불렀다.

다윈은 종의 기원 문제를 진지하게 고민하기 시작했을 때부터, 이미 진화가 실재한다는 것을 반쯤은 확신했다. 그는 할아버지 이래즈머스 다윈과 종이 고정된 것이 아니라 시간에 따라 변하는 것이라고 주장한 프랑스 사상가 라마르크 사이에 벌어진 과학 논쟁을 잘 알고 있었다.

이제 다윈은 라마르크의 주장을 입증할 만한 몇 가지 사실을 알고 있었다. 그중 하나는 멸종한 생물의 흔적을 보여주는 화석 기록이었다. 남아메리카에서 다윈 자신은 멸종한 종과 살아 있는 종 사이에 어떤 유사성이 있다는 것을 발견했다. 살아 있는 종이 멸종한 종의 자손임을 알려주는 단서였다.

진화를 입증하는 잘 알려진 또 하나의 사실은 일부 생물들이 거의 쓸모없어 보이는 흔적기관을 갖고 있다는 것이다. 타조같이 날지 못하는 새들에게 있는 작고 아무 쓸모가 없는 날개나 일부 뱀의 몸 내부에서 발견되는 다리뼈 같은 것들이 그렇다. 다윈은 이런 쓸모없는 구조는 이 새나 뱀이 과거에 날개로 날았거나 다리로 걸었던 조상 종의 자손이라는 것을 보여 주는 것이라고 보았다.

> **흔적기관**
> 동물의 어떤 기관이 기능을 지니기까지 발달하지 못했거나 그 기능을 상실, 퇴화하여 흔적만 남아 있는 기관을 말한다.

여전히 남아 있는 의문, 왜 섬마다 거북 등딱지의 형태가 다른 것일까

갈라파고스 제도에서 고향으로 돌아가던 중, 1836년 다윈은 제도의 부총독이 자신에게 했던 말을 곰곰이 생각해 보았다. 거북 등딱지의 형태가 섬마다 다르다는 것 말이다. 그가 배에서 쓴 노트에는 그런 변이가 "종의 안정성을 해칠 것"이라고 적혀 있다. 곧 그는 그런 변이가 존재한다는 더 많은 증거를 발견한다.

갈라파고스 제도의 새들은 종의 진화 또는 다윈이 말한 '변형된 자손'에 대한 관점을 형성하는 데 중요한 역할을 했다. 그러나 그는 런던동물학회의 조류학자 존 굴드에게 자신의 표본을 넘겨줄 때까지도 그것의 중요성을 인식하지 못했다. 다윈이 갈라파고스 제도에서 채집한 새 표본은 흉내지빠귀 4종과 핀치라고 불리는 작은 새 13종이었다. 다윈은 심지어 이 작은 새들이 핀치라는 것조차 알지 못했다. 자신이 알고 있는 핀치 생김새와 너무 달랐기 때문이다. 그는 그 새들이 굴뚝새나 찌르레기 같은 새인 줄 알았다.

1837년 3월에 굴드가 흉내지빠귀들이 서로 가깝게 연관되어 있고, 12마리쯤 되는 다른 새들은 알려져 있는 되새들과 종류는 다르지만 모두 핀치라고 말했을 때 다윈은 너무 놀랐다. 이 서로 다른 핀치들이 과연 하나의 공통 조상에서 갈라져 나왔다는 말인가? 또 흉내지빠귀 변종들은 모두 흉내지빠귀 한 종류의 자손이고, 핀치 변종들은 핀치 한 종류의 자손이란 말인가?

다윈은 각 표본이 어디서 채집된 것인지 제대로 기록하지 않은 자신을 원망하면서 핀치들을 연구했다. 기억과 자신의 기록 그리고 비글호에서 자신의 채집을 도와주었던 사람들의 도움으로, 그는 각 종들이 각기 다른 섬에서 왔다고 생각하게 되었다. 그러자 지리적 격리가 변이와 관계가 있다는 것이 명확해졌다. 다윈은 모든 핀치들이 남아메리카 본토에서 섬으로 이주한 하나의 조상 종에서 유래했다고 결론지었다.

오랜 세대를 거치는 동안 원래의 핀치는 각 섬의 다양한 생태적 지위에 적합한 10여 종의 핀치로 분화했던 것이다. 바닷

격리

분리된 집단 사이에 유전자 교류가 방해되는 현상을 말한다. 갈라파고스 제도의 동식물은 남아메리카의 것과 비슷한 데도 이 제도의 섬들마다 다른 종류가 발견되었는데, 다윈은 이를 지리적 격리 현상으로 보았다.

새들을 찔러 피를 마실 수 있는 길고 날카로운 부리를 지닌 새가 있는 반면, 씨를 깰 수 있는 짧고 두꺼운 부리를 가진 새도 있고, 자갈을 뒤집어 먹이를 찾을 수 있는 힘센 부리를 지닌 새도 있으며, 선인장을 쪼아 곤충을 찾을 수 있는 좁고 굽은 부리를 지닌 새도 있었다.

다윈은 생명체가 환경과 필요성에 따라 적응했다는 것을 확신하게 되었다.

진화론에 대한 다윈의 확신

1837년 7월 굴드와 만난 지 4개월 뒤에 그는 변환 즉 진화에 관한 첫 노트를 쓰기 시작했다.

학자들은 지금도 다윈을 자극한 요인들이 무엇인지 추적하고 있으며, 진화론에 관한 그의 생각과 말이 출현한 정확한 시기를 연대표로 작성하는 작업을 하고 있다. 그의 노트, 편지, 자서전 등을 볼 때 적어도 그는 1837년 중반까지는 종이 변화한다는 것을 확신한 것 같다.

그는 노트에 자연법칙이나 자연력 중에는 "변화하는 세계에 적합하도록 종을 변환시키는" 것들이 틀림없이 있다고 기록했다. 그 법칙은 과연 어떤 것일까? 어떤 과정이 변환을 일으키는가?

다윈은 "어떤 식으로든 동식물의 변이를 보여주는 모든 사실들"을 체계적으로 수집하기 시작했다.

포괄적이면서도 야심만만하게 자료를 수집하는 다윈은 마치 조각 그림을 맞추는 사람 같았다. 그는 완성된 그림이 어떤 모습일지 알고 있었다. 바로 현재의 식물과 동물일 것이다. 그러나 그는 이런 식물과 동물들이 어떻게 형성되어 전 세계에 퍼졌는지, 화석들을 이 그림에 제대로 놓으려면 얼마나 많은 퍼즐 조각들을 맞춰야 하는지 알지 못했다.

그는 도처에서 퍼즐 조각들, 즉 사실과 표본들을 모아 끈기 있게 맞춰 나갔다. 자신이 추려 낸 과학 잡지와 여행기에서 얻은 조각들도 있지만, 대부분의 조각들은 우편으로 얻었다. 그는 여행가들과 과학자들에게 변종과 종에 대한 다양한 자료를 부탁하는 수백 통의 편지를 보냈다. 이런 편지 속에는 구체적이고 긴 질문들도 들어 있었다. 이런 편지 왕래는 다윈이 종의 기원에 대한 관점을 발표한 뒤로도 오랫동안 지속되었다.

그는 과학 분야에서 이론은 수많은 미미한 사실들까지도 설명해 낼 수 있어야 한다는 것을 알고 있었고, 이런 사실들을 수집하는 일에 결코 싫증을 내지 않았다.

왜 섬에는 고유종이 많은 것일까

질문 중에는 종의 분포, 즉 지리적 범위에 관한 내용도 있었다. 갈라파고스 제도나 오스트레일리아 등 곳곳을 관찰했던 다윈은 섬에는 고유종, 즉 다른 곳에는 없고 그곳에서만 자연적으로 나타나는 종의 비율이 높다는 것을 알았다. 그는 커다란 모집단과 교배를 할 수 없는, 작고 고립된 동식물 집단 속에서 신종이 갈라져 나오기가 더 쉽다고 추론했다.

섬은 신종이 형성될 수 있는 완벽한 조건을 제공한다. 섬에 있는 동식물은 가까운 대륙에 있는 모집단과 격리될 수밖에 없기 때문에 점점 분화되어 결국 완전히 새로운 종을 형성하기 쉽다는 것이다. 갈라파고스 제도의 핀치들은 이런 식으로 자신들의 조상인 남아메리카 핀치로부터 갈라져 나왔다. 그렇다면 조상 생물들은 처음에 어떻게 갈라파고스 제도 같은 섬으로 들어가게 된 것일까?

다윈은 종의 전파에 관한 자료들을 열심히 수집했다. 그는 사냥꾼들에게 새들이 얼마나 멀리까지 날아갈 수 있는지 물었다. 그는 외딴섬에서 조난당한 적이 있는 선원에게 해안에 떠내려온 나무들 중에서 어떤 종들을 보았냐고 물어보기도 했다. 나중에 다운하우스에서 그는 식물이 대륙에서 섬까지 어떻게 퍼져 나갔는지, 자신의 생각을 검증하기 위해 실험을 하기도 했다.

그는 씨앗들을 소금물에 담갔다가 심어 보고는, 당근 씨가 짠물에서 42일을 보낸 뒤에도 싹이 났다고 기뻐하며 기록했다. 노르웨이에 있는 영국 영사는 멕시코 만류에 실려 수천 킬로미터를 떠내려온 열대 식물의 씨앗을 다윈에게 보내 주었다. 그것 역시 싹이 났다.

그는 새의 배설물과 자고새의 발에 묻은 진흙에서 얻은 풀씨로도 싹을 틔웠다. 다윈의 연구실 선반은 소금물 통과

이 조용한 방, 다운하우스의 다윈 연구실에서 진화 혁명이 일어났다.
서류들이 벽난로 한쪽으로 쌓여 있고, 반대쪽의 커튼은 욕실을 가리고 있다.

발아시킨 화분들이 자리를 차지했다. 다윈은 도마뱀 같은 작은 동물들은 새의 먹잇감이 되거나 떠다니는 나무에 묻혀 섬까지 운반될 수 있다고 추측하기도 했다. 이 추측을 검증하지는 않았지만, 그는 여행가들이 예기치 않은 곳에서 생명체들을 발견했다는 이야기를 수집했다.

품종과 종은 같은 것일까, 다른 것일까

길들여진 식물과 동물도 다윈이 품은 의문점 가운데 중요한 부분을 이루고 있다. 그는 동식물의 수많은 품종들이 인위적인 교배를 통해 만들어졌다는 것을 잘 알고 있었다. 예를 들어, 가장 큰 수소와 암소를 교배시키는 목축업자들은 결국 좀 더 몸집 큰 혈통의 소를 만들어 낼 것이다.

다윈은 품종이 종과 다르다는 것을 알았다. 목축업자들은 새로운 소 품종을 만들어 낼 수 있다. 하지만 막지 않는다면 그 품종은 다른 품종의 소와 짝짓기를 할 것이다. 식물과 동물을 기르는 사람 중에 완전히 새로운 종을 만들어 낸 사람은 아직 한 명도 없었다.

다윈은 신종이 조상 종과 완전히 분리되려면 적어도 수천 년 혹은 그 이상의 오랜 시간이 필요하다고 믿었다. 그는 목축업자들이 오랫동안 계속해서 소를 선택적으로 교배시킨다면, 새 혈통은 결국 다른 소들

교배
두 개체 사이에서 수분이나 수정이 이루어지는 현상. 주로 육종이나 품종 개량을 위해 이용한다.

갈라파고스 제도의 큰땅핀치
갈라파고스의 핀치들은 진화의 수수께끼를 푼 열쇠 조각이었다. 비록 다윈은
영국으로 돌아간 뒤까지도 그것의 중요성을 깨닫지 못했지만.

과 구분되는 독립된 종이 될 것이라고 생각하는 것이 합리적이라고 생각했다.

> **품종**
> 사람들이 동물이나 식물을 오랫동안 재배, 사육하는 동안에 형태나 생리적으로 다른 개체군이 되거나 계통이 분리된 것을 말한다. 또 지역에 따라 독특한 생태적, 생리적인 계통을 보이는 생물들도 품종이라고 부른다.

길들여진 식물과 동물이 인위적인 교배를 통해 끊임없이 변형된다는 사실에 매혹된 다윈은 가축 전시장에도 가보고 종자 목록도 구입했다. 그는 많은 사람들의 취미 생활인 경주용이나 전시용 비둘기를 기르는 일에 특히 관심을 보였다. 그는 부채처럼 펼쳐진 꼬리나 솜털이 복슬복슬한 볏 같은 형질을 두드러지게 하기 위해 사육사들이 비둘기들을 교배시키는 방법을 연구했다.

종의 진화는 왜, 어떻게 일어나는 것일까

나중에 다윈은 다운하우스에서 비둘기들을 기르면서 선택적 교배의 결과를 직접 관찰할 수 있었다. 실제로 그는 비둘기 사육사들과 사귀기도 했다. 이런 신분 낮은 사람들에게 다윈은 권위 있는 과학자가 아니라, 다정한 시골 신사이자 동료 새 애호가였다.

다윈이 종 문제에 관련된 사실을 수집하는 일을 평생 계속하긴 했지만, 종의 기원에 관한 그의 기본 개념들은 일 년이 채 지나기도 전에 세워졌다. 변환에 관해 기록한 첫 노트는 1838년 2월에 다 채워졌다. 그리고 그해가 지나기 전에 몇 권이 더 채워졌다. 다윈은 이때쯤 종이 진화한다는 것을 확신했다.

이제 그는 종이 왜, 어떻게 진화하는지 알고 싶었다. 그는 같은 종에 속하는 생물들도 세세한 점에서는 서로 다르다는 것을 알았다. 한배에서 태어난 강아지 중에도 검은색이 세 마리, 갈색이 한 마리 있을 수 있다. 한배에서 난 비둘기 알에서도 다른 것들보다 날개가 좁은 새끼가 태어날 수 있는 것이다.

다윈은 자연은 끊임없이 이런 무작위적 변이를 만들어 낸다고 생각했다. 사육사들은 가축에 나타나는 특정한 변이를 선택한 뒤, 그 형질을 두드러지게 하기 위해 개나 비둘기의 짝짓기를 통제한다. 그렇다면 야생의 식물과 동물에게는 어떤 힘이 작용하는 것일까? 왜 어떤 변이는 신종이 되는 것일까?

진화론의 중요한 실마리, 맬서스의 《인구론》

1838년 가을에 중요한 퍼즐 조각 하나가 맞춰졌다. 다윈은 성공회 성직자이자 경제학자인 토머스 맬서스의 《인구론》(1798)을 무척 재미있게 읽었다. 맬서스는 런던을 비롯한 여러 도시의 혼잡한 빈민가에서 사람들이 비참한 생활을 하는 원인이 무엇인지 조사하기 시작했다. 그는 거의 모든 종들이 생존할 수 있는 수보다 훨씬 더 많은 자손을 남긴다는 점을 지적했다. 오래전부터 자연사학자들에게 알려져 있는 사실이었다. 이 자손들의 대부분은 번식할 시기가 되기 전에 죽는다. 그렇지 않다면 지구는 곧 촌충 같은 다산성 생물(촌충은 매년 6,000만 개의 알을 낳는다)의 자손들로 완전히 뒤덮일 것이다. 그래서 맬서스는 개체군은 식량의 공급량이 늘어날 수 있는 것보다 더 빨리 증가한다고 주장했다. 다시 말해, 자연은 엄청나게 다산성이기 때문에 자원의 공급 능력보다 더 많은 생물을 생산한다는 것이다.

> **《인구론》**
> 영국의 경제학자 맬서스의 책으로, 식량은 산술 급수적으로 늘어나지만 인구는 기하급수적으로 늘어나 과잉 인구로 인한 식량부족은 피할 수 없으며, 그 때문에 필연적으로 빈곤과 죄악이 발생할 것이라고 주장했다.

다산성에 어떤 한계나 제약이 가해지지 않는다면, 개체군은 곧 생존에 필요한 자원의 양을 초과하게 된다. 이 성장을 조절하는 것이 바로 먹이와 기타 자원을 차지하기 위한 끊임없는 경쟁이다. 삶은 자원을 위한 경쟁이며, 이 과정에서 많은 생물들은 아주 어린 시기에 사라지게 마련이다.

맬서스는 주로 인간의 상태에 관심을 가졌다. 무제한적인 인구 증가가 무자비한 생존 경쟁을 이끌어 낼지도 모른다는 두려움에 휩싸여 있던 그는 가난한 자들을 원조하기 위한 개혁에 반대하라고 충고했다. 그런 개혁은 가난한 자들에게 더 많은 아이를 낳으라고 부추길 뿐이며, 그 결과 그들의 생활 조건은 더욱 비참해질 뿐이라고 경고했다.

왜 어떤 종은 멸종하고 어떤 종은 살아남을까?

인정 많은 다윈도 인간의 복지에 대한 맬서스의 냉정한 관점에 동의했다. 이 관점은 그의 과학 연구에도 중요했다. 그는 맬서스의 주장이 전 세계의 동식물에도 적용될 수 있음을 곧바로 알아챘다.

수학적으로 볼 때 맬서스는 옳았다. 제한 없는 번식은 식량 자원의 양을 초월하는 수준까지 인구를 증가시킨다. 주변의 자원은 부족해지고, 그런 의미에서 삶은 끊임없는 생존 경쟁이다. 바로 이것이 다윈이 찾던 힘이자, 죽을 생물들과 살아남아 번식할 생물들을 구분하는 보이지 않는 원리다.

경쟁 개념과 자연에서의 끊임없는 변이라는 사실을 결합함으로써, 다윈은 어떤 개체들은 그들을 유리하게 해주는 변이를 지닌 채 태어난다는 것을 깨달았다. 다른 매들보다 좀 더 빨리 날 수 있는 매, 다른 삼나무들보다 좀 더 높이 자라 더 많은 햇볕을 받을 수 있는 삼나무, 단단한 씨앗을 깰 수 있는 좀 더 두꺼운 부리를 지닌 핀치 등. 이런 이점들 때문에 이 개체들은 형제들보다 더 오래 살고 더 많은 자손을 남긴다. 이 자손들은 유리한 형질을 물려받을 것이고 다음 세대에게 다시 그것들을 물려줄 것이다. 부모의 형질이 자손에게 유전된다는 것은 잘 알려진 사실이다. 비록 당시에는 어떻게 유전이 일어나는지 아무도 알지 못했지만.

따라서 계속 세대가 흐르다 보면, 단단한 부리를 지닌 핀치나 키가 좀 더 큰 삼나무는 먼저 변종이 되었다가, 나중에

토머스 맬서스
그는 《인구론》에서 인구는 무한하게 증가하는 경향이 있는데 이것은 식량 부족, 전염병 그리고 전쟁으로써만 막을 수 있다고 주장했다. 다윈과 월리스는 맬서스의 글에서 직접적인 영향을 받아 자연선택의 원리를 파악했다.

유전

멘델이 완두 교배 실험을 통해 처음 밝혀낸 현상으로 부모의 형질이 자식에게 전해지는 것이다. 유전이 일어나려면 부모에게서 자식에게 전해지는 세포 내의 물질이 있으며, 오늘날 이 물질이 DNA임이 밝혀졌다.

는 독립된 종이 될 것이다. 부모 종을 대체하거나, 아니면 다른 생태적 지위를 차지하면서 말이다. 다윈은 이런 힘을 '자연선택'이라고 불렀다. 그리고 동식물을 기르는 사람들이 인위적으로 하는 것을 '인위선택'이라고 정의했다.

다윈의 업적, 진화론과 자연선택 이론

1838년 말이 되자 다윈은 자신의 위대한 업적, 즉 진화론 및 그것의 작용 원리인 자연선택의 핵심에 도달했다. 다윈의 통찰은 상호 연관되어 있는 다음과 같은 사실·개념·관찰에 뿌리를 두고 있다.

- 지구 역사는 수백만 년까지 거슬러 올라간다.
  찰스 라이엘을 비롯한 사람들이 설명하고, 다윈의 현장 지질학이 지지

- 종은 변화할 수 있거나 변화하기 쉽다.
  이래즈머스 다윈을 비롯한 앞선 시기의 사상가들이 주장. 멸종된 종과 살아 있는 종이 연관되어 있다는 증거와 새로운 가축 품종들이 생산된다는 증거들이 확인

19세기 런던의 혼잡한 빈민가를 본 경제학자 토머스 맬서스는 인구 증가 문제를 탐구했다. 맬서스의 연구는 다윈에게 진화를 풀 퍼즐 조각을 주었다.

· 개체군은 부모 종과 격리되면 변이가 일어난다.
  갈라파고스의 새들

· 지구와 지역의 환경은 끊임없이 변화한다. 생명은 이 변화하는 조건에 적응해야 한다.
  지질과 화석 증거

· 개체는 미묘한 변이를 지닌 채 태어난다.
  상식이자 동물 사육사와 식물 재배자들이 확인

· 생물의 형질은 자손에게 유전된다.
  상식이자 동물 사육사와 식물 재배자들이 확인

· 삶은 생존 경쟁이다.
  맬서스

· 생물이 생존하고 적응하도록 도와주는 변이는 후대로 전달되고, 결국에는 자연선택을 통해 신종이 진화한다.
  다윈

다윈은 자신의 웅대한 새로운 통찰을 발표하기 위해 서두르지 않았다. 그는 비글호 항해에 관련된 동물학과 지질학 연구를 계속하면서, 엠마와 결혼하고, 다운하우스에 정착해 차분히 사실들을 수집하는 일을 계속했다.

다윈의 동료들과 서신 왕래자들은 그가 종을 연구한다는 것은 알고 있었지만, 종이 변화한다는 사실을 얼마나 확신하는지, 신종의 형성을 설명할 수 있는 이론을 얼마나 규명했는지 알지 못했다. 시간이 무르익을 때까지 다윈은 자신의 생각을 비밀로 남겨 두었다.

5

생물진화론의 험난한 탄생

1842년, 다윈은 진화론과 자연선택에 관한 생각을 35쪽의 글로 요약했다. 2년 뒤, 그는 231쪽에 달하는 더 상세한 원고를 썼다. 이 원고는 두 부분으로 이루어져 있었다. 앞부분에서 다윈은 길들인 생물과 야생 생물 사이의 변이를 논하고, 자연선택이 어떻게 작용하는지 썼다. 뒷부분에서는 자연선택을 찬성하거나 반대하는 주장들을 검토했다.

아직 자신의 이론을 출판하지는 않았지만, 그는 자신의 연구가 "과학상의 상당한 진보"를 대표하리라는 것을 알았다. 그리고 그는 그것을 놓치고 싶지 않았다.

왜 다윈은 진화론의 발표를 미루었을까

그는 부인 엠마에게 위임장을 남겼다. 자신이 갑작스럽게 죽는다면, 종에 관한 원고를 자신의 동료 중 한 사람에게 넘겨 연구를 계속할 수 있게 해달라고 말이다. 다윈은 라이엘, 헨슬로, 후커 정도라면 괜찮을 것이라고 넌지시 말했다. 이 중 마지막 사람, 젊은 식물학자인 후커에게 다윈은 마침내 자신의 종 이론을 털어놓는다.

1844년 1월 다윈은 막 남극 항해에서 돌아온 후커에게, 자신이 "아주 뻔뻔스러운 연구"를 위해 많은 사실 정보를 모으고 있었다고 편지를 썼다.

"어슴푸레한 빛이 다가왔네. 그리고 나는 (시작할 때의 관점과 전혀 다르게) 종은 불변이 아니라는 점을 거의 확신하고 있어(내가 살인자라고 고백하는 심정이야). 나는 종이 다양한 방식으로 독특하게 적응하는 단순한 방법을 발견했다고(뻔뻔하지 않나!) 생각하네."

다윈은 자신의 이론을 쓴 231쪽의 초고를 후커에게 보냈다. 처음에 후커는 회의적이었다. 대부분의 과학자나 대중들과 마찬가지로 그 역시 종은 변하지 않는다고 믿고 있었다. 그러나 초고를 자세하게 읽고 난 뒤 다윈과 오랜 대화를 나누면서, 마침내 그는 다윈이 옳다는 것을 확신했다.

후커를 진화 쪽으로 귀의시킨 뒤에도, 다윈은 자신의 이론을 발표하기를 꺼리고 있었다. 사실 그는 그 이론을 정립한 지 20년이 되는 1859년이 될 때까지 진화와 자연선택에 관한 생각을 발표하지 않았다. 이 점은 다윈의 일생을 연구하는 이들에게 가장 핵심적인 수수께끼로 남아 있다. 왜 그는 그렇게 오랫동안 자신의 진화론을 발표하지 않고 기다리고 있었을까?

"우주는 자연법칙에 따라 진화한다"

1844년 에든버러 서적상인 로버트 체임버즈가 익명으로 출간한 《창조의 흔적》이라는 책이 겪었던 운명이 한 가지 단서가 될 수 있다.

이 책은 너절하고 부정확한 과학 지식으로 가득했다. 하지만 이 책은 살아 있는 모든 종을 포함한 우주가 자연법칙

1840년대에 사람들을 흥분시켰던, 종 진화를 다룬 《창조의 흔적》
저자는 이 책이 논란을 불러일으킬 것을 알고 익명으로 출간했다. 다윈은 비슷한 논쟁의 중심에 서는 것을 두려워했다.

에 따라 진화한다는 관점을 드러냈다. 이는 매우 중요한 의미를 지닌다. 이 책의 저자는 진화가 왜, 어떻게 일어나는지 말하지 않았다. 단지 그것이 일어난다고만 말했을 뿐이다.

그는 모든 생명은 상호 연관되어 있으며, 새로운 종은 신의 창조 행위가 아니라 자연적인 과정을 통해 생겨나며, 그 종은 시간에 따라 변한다고 주장했다. 그 책은 격렬한 논쟁에 휘말렸으며, 로버트 체임버스는 자신이 그것을 쓰지 않았다고 부인하면서 남은 평생을 보내야 했다. 저녁 파티가 벌어질 때마다 지식인들 사이에서는 '흔적 씨'가 누구인지 알아맞히는 놀이가 유행처럼 번졌다. 결국에는 많은 사람들이 그 책이 체임버스의 저작이라고 추측하긴 했다.

《창조의 흔적》은 신의 역할이 진화적인 발전을 인도하는 것임을 부인하지 않았다. 사실 그 책의 어조는 종교에 경의를 표하고 있었다. 그러나 교회와 주류 과학자들은 그 책이 성경적인 생명관에 위협이 된다는 이유로 욕하고 비웃었다.

1851년의 다윈
그는 비글호 항해의 자연사를 다룬 책들로 과학자라는 지위를 얻었지만, 진화와 자연선택에 관한 급진적인 생각들을 발표하는 것을 거의 10년 동안 미루고 있었다.

진화 개념이 단순히 성경의 창조 이야기와 모순된다는 것만이 문제가 아니었다. 그것은 당시 빅토리아 사회를 매우 불안하게 했던 유물론이라는 망령을 불러냈다. 많은 사람들에게 유물론 즉 우주의 활동을 물질과 자연법칙으로 설명할 수 있다는 믿음은 더 이상 신의 존재는 필요하지도 않고 확실하지도 않다는 것을 뜻했다.

혼란에 빠진 사람들

신과 진화 양쪽을 별 어려움 없이 믿는 사람들도 많았지만, 믿음이 흔들리는 사람들도 많았다. 앨프리드 로드 테니슨도 후자에 속했다. 1850년에 그는 빅토리아 시대의 가장 유명한 시인 〈인 메모리엄〉이라는 긴 시를 발표했다. 한 친구의 죽음을 슬퍼하는 그 시는 부분적으로 《창조의 흔적》에서 영감을 받았다.

테니슨은 절망적인 분위기를 표현하기 위해, 자연사와 진화 논쟁에서 끌어낸 비유를 사용해 자연 세계의 냉혹함을 강조했다. 그 시에서 가장 잘 알려진 비유는 "이빨과 발톱을 붉게 물들인 자연"이었다. 뒤에 많은 사람들은 이 구절을 다윈의 '생존 경쟁'을 요약하는 표어로 삼았다.

또 테니슨은 절벽에 묻힌 화석들에게 자연이 이렇게 냉혹하게 외친다며 서글퍼한다. "수천 종류가 사라졌지. 나는 아무것도 걱정하지 않아. 모든 것은 사라지리." 이런 냉정한 비유에도 불구하고, 〈인 메모리엄〉은 어떤 의미에서 진화를 지지하고 있다. 왜냐하면 자신의 죽은 친구를, 인간이 언젠가는 영혼의 진화를 통해 발전할지 모를 초월적인 존재의 한 예로 묘사하면서 위안을 찾았기 때문이다.

《창조의 흔적》을 놓고 일어났던 혼란을 본 다윈은 논쟁의 폭풍 속으로 뛰어들려면 진화론을 훨씬 더 세부적으로 다듬어야 한다고 생각했다. 천성적으로 부드럽고 수줍음을 잘 탔던 다윈은 대중의 주목을 받게 된다는 생각에 움츠러들었다. 또 그는 자신이 사랑하는 사람들, 특히 엠마에게 고통을 줄 것이라는 생각에 소극적으로 변했다.

엠마의 애틋한 편지

엠마는 결혼 초기부터 다윈이 이단적인 생각을 하기 때문에 천국에 가지 못할 것이라고 안달했다. 엠마는 자신들이 영원히 떨어지게 될 것이라는 두려움을 애틋한 편지로 써서 다윈에게 보내기도 했다. 다윈은 이 편지를 봉해 놓고 그것에 입을 맞추며 울었던 적이 여러 번 있었다고 썼다. 그러나 한 번도 신앙이 깊었던 적이 없었던 다윈은 자연선택 이론을 연구하면

찰스와 엠마의 큰딸 애니 다윈
다윈은 10살 때 죽은 애니의 죽음으로 그나마 조금 남아 있었던 자신의 신앙심을 완전히 털어 버렸다.

서 점점 더 신앙에서 멀어져 갔다.

1851년 딸 애니가 앓다가 죽자, 그나마 남아 있던 그의 신앙은 완전히 사라지고 말았다. 말기에 그는 자신을 불가지론자라고 썼다. 즉 신의 존재에 의문을 품긴 하지만 단호하게 부정하지는 않는 사람이라고 말이다. 엠마는 숨을 거두는 날까지 신앙인이었고 꾸준히 교회에 다녔지만, 그녀 역시 관대해졌고 남편의 연구를 지지하기까지 했다. 그것은 절대로 가식이 아니었으며, 그녀는 구체적인 부분에까지 많은 관심을 가졌다.

완벽한 진화론을 주장하고 싶었던 다윈

논쟁을 두려워했다는 것말고도, 다윈이 자신의 이론 발표를 늦춘 데에는 과학적 이유가 있었다. 자신의 생각이 논쟁거리가 된다는 것은 이론을 뒷받침할 탄탄한 증거를 갖춰야 한다는 의미이기도 했다. 다윈은 자신의 주장을 지지해줄 훨씬 더 많은 사실과 사례를 정리할 시간이 더 필요하다고 느꼈다.

그는 최대한 모든 반대 주장들을 예상하고서 아예 제기되기 전에 모두 꺾고 싶었다. 그래서 1846년에 마지막 지질학 책을 완성하고 나서도, 진화론 책을 쓰지 않았다. 언젠가는 진화에 관한 책을 쓸 계획을 갖고 자료들을 계속 수집했으면서도 말이다. 대신 그는 새로운 연구 계획을 세웠다. 특정한 생물 집단을 세밀히 조사하는 일이었다.

그에게 이런 결심을 하게 만든 것은 후커였다. 후커는 다윈에게 생물학자는 서로 밀접하게 연관된 종 집단을 철저하게 연구함으로써 자신의 전문성을 보여 주어야 한다고 강조했다.

다윈은 자신이 단순한 수집가이자 관찰자가 아니라 해부학자이자 진지한 생물학자임을 먼저 증명한다면, 자신의 진화론도 사람들에게 좀 더 쉽게 전달될 수 있을 것이라고 판단했다. 아마 다윈은 오히려 기뻐하면서 진화 논쟁을 좀 더 미뤘는지도 모른다. 아무튼 1846년에 시작한 그 연구를 통해서 그는 종들이 서로 어떤 관계에 있는지를 깊이 이해하게 되었다.

따개비에 몰두한 8년

다윈이 상세하게 연구한 대상은 바다 속에 잠겨 있는 바위나 말뚝 같은 물체에 달라붙는 해양 갑각류인 따개비였다. 따개비는 배의 표면에 달라붙어 배의 속도를 떨어뜨리기도 한다.

다윈은 비글호 항해에서 몇몇 흥미로운 따개비 표본들을 채집했다. 그는 그것들을 해부하고 묘사하는 일에 전념했다. 그

따개비
굴등이라고도 하며, 바위, 말뚝, 배 밑 등에 붙어서 고착 생활을 하는 조개류로 석회질의 딱딱한 껍데기로 덮여 있다. 따개비 무리는 고생대의 실루리아기에 이미 나타났으며 현재 약 200종에 달하는 따개비가 있다.

러나 그 계획은 그의 예상보다 훨씬 더 규모가 커지고 말았다. 철저하게 하겠다는 욕심이 너무 컸던 탓에 그는 다른 자연사학자들과 우편으로 표본을 교환하고, 예상했던 것보다 훨씬 더 많은 따개비 종들을 해부하고 묘사하면서 따개비 연구에 8년을 쏟아부었다.

다윈의 아이들은 따개비로 가득한 집안에서 성장할 수밖에 없었다. 아이 중 하나가 친구에게 이렇게 묻는 걸 듣기도 했다.

"너희 아버지는 어디서 따개비를 연구해?"

후커는 나중에 프랜시스 다윈에게 너희 아버지는 그 연구를 시작하기 오래전부터 "머릿속에 따개비"가 있었노라고 말했다. 1840년대 후반에 쓴 다윈의 편지와 노트에는 "내 사랑하는 따개비"란 말이 자주 등장한다. 그러나 시간이 지나면서 그 작은 갑각류는 어느 정도 매력을 상실한 듯했다. 다윈은 그것들을 "이 끝도 없는 따개비"라고 부르기 시작했다.

1852년에 그는 사촌인 윌리엄 다윈 팍스에게 농담 삼아 말했다.

"나는 따개비를 어느 누구보다도 증오해. 느릿느릿 움직이는 배에 타고 있는 선원보다도 더."

마침내 1855년, 그 엄청난 연구는 완결되었다. 다윈은 살아 있는 따개비와 화석 따개비 종들을 다룬 네 권의 책을 출간했고, 그 즉시 따개비의 세계적인 권위자로 떠올랐다. 그의 따개비 책은 지금도 그 분야의 주요 저작으로 손꼽히고 있다.

따개비를 연구하던 시기에 다윈과 그의 가족에게는 많은 사건들이 일어났다. 그중에는 즐거운 것도 있다. 예를 들면 그는 새 친구인 토머스 헉슬리를 사귀게 되었고, 1853년에는 자연사에 기여한 공로를 인정받아 왕립학회로부터 메달을 받기도 했다.

아버지와 딸 애니의 죽음

한편 1848년에는 아버지 로버트 박사가, 몇 년 뒤에는 딸 애니가 죽는 슬픈 일들도 겪었다. 다윈은 아버지의 병환과 죽음을 슬퍼하다가 건강을 해쳐 1848년과 1849년 사이의 몇 달 동안을 침대에서 생활해야 했다. 다윈이 아버지의 죽음이 가져온 슬픔에서 거의 벗어날 즈음, 사랑하는 딸 애니가 계속 구토를 하는 위장병을 앓았다. 다윈은 딸을 휴양지로 데려가 의사에게 진찰받게 했지만, 아무 소용이 없었다. 애니는 점점 쇠약해졌다.

다윈은 집에서 어린아이들을 돌보고 있던 부인 엠마에게 딸의 침대 곁에서 눈물 어린 편지를 썼다.

"당신이 당장 이곳으로 올 수 있으면 좋겠소. 이 얼마나 다정하고 인내심 있고 고마워하는 가여운 작은 영혼인지. 애한테 감사하다는 말을 듣는 게 얼마나 고통스러운 일인지."

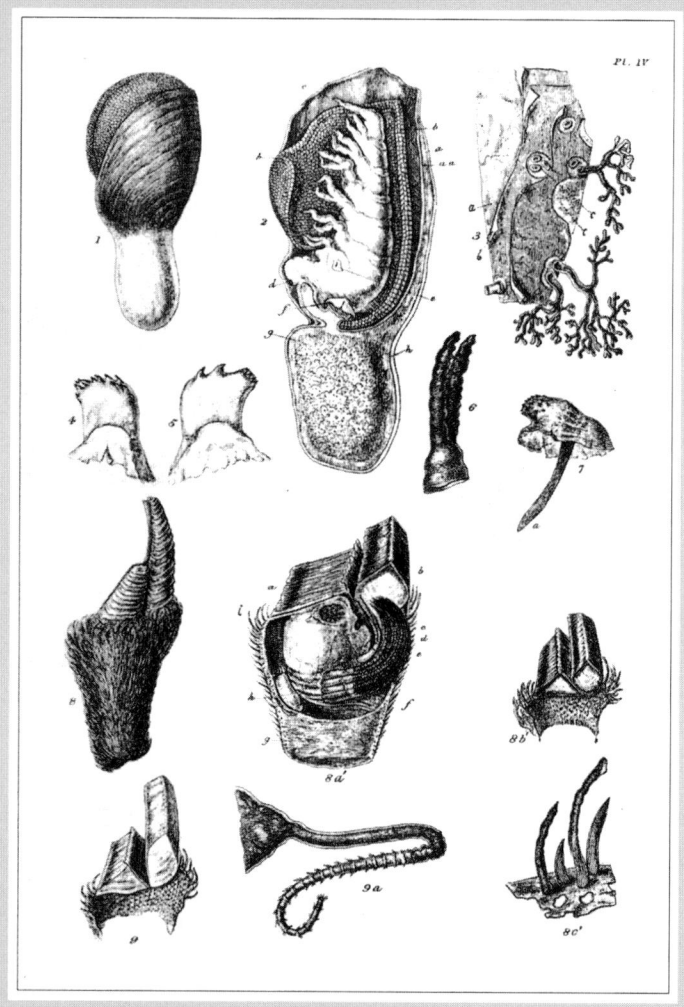

다윈이 8년 동안 따개비를 연구하면서 그린 해부도 중 일부
일부 역사가들은 따개비 연구를 자신의 진화론 발표가 일으킬 소동을 연기하려는 의도였다고 본다.

애니는 오랫동안 앓다가 1851년 봄에 죽었다. 다윈은 스스로가 "쓰라리고 잔인한 상실"이라고 부른 슬픔에 겨워 몸져누웠다. 애니가 죽은 지 몇 주 후 다윈은 이렇게 썼다.

"지금도 그 애는 알 수 있을 것이다. 우리가 그 즐거워하는 사랑스러운 얼굴을 영원히 사랑하리라는 것을."

병과 가정 생활의 혼란과 '사랑하는 따개비' 연구의 와중에도 다윈은 진화 연구를 계속했다. 일단 따개비 연구가 완결되자, 친구인 라이엘과 후커는 종의 진화를 연구한 책을 출간하라고 그를 재촉했다. 다윈도 그럴 시기가 다가왔다는 데 동의했다.

'변형된 자손'에 대한 연구

1856년이 되자 그는 1844년에 쓴 초고와 모든 분야의 노트를 하나 가득 책상 위에 쌓아올린 채, 자연선택에 따른 '변형된 자손' 이론을 다룬 책을 쓰기 시작했다. 그는 그 책이 과학계에서 자신의 주된 업적이 될 것이라는 점을 알았고, 저술에 오랜 시일이 걸릴 것이라고 예상했다.

이때쯤 다윈의 동료들은 그가 종과 변이를 주제로 연구하고 있음을 알았다. 하지만 그 이론의 구체적인 내용을 아는 사람은 후커, 미국 식물학자인 에이서 그레이, 다윈의 형인 라스, 라이엘 등 몇 명뿐이었다. 다윈은 전혀 지지자가 없는, 진공 상태에서 일하는 것이 아니었다. 《창조의 흔적》은 진화 개념에 대한 공개 논쟁을 촉발시켰고, 많은 지지자들을 끌어들이고 있었다.

1852년 영국 철학자 허버트 스펜서는 한 잡지 기사에서 종이 진화한다고 주장했다. 비록 종이 어떻게 진화하는지 서술하려는 시도는 하지 않았지만.

월리스에게 자극받은 다윈

다윈의 자연사 연구 동료인 앨프리드 러셀 월리스

다윈은 자신의 생각을 발표할 준비를 하고 있을 때 독자적으로 자연선택 이론을 이끌어 낸 월리스의 논문을 받았다.

그 와중에 세계 저편에서는 또 다른 자연사학자가 종 형성을 주제로 연구하고 있었다. 바로 앨프리드 러셀 월리스로, 그 역시 《창조의 흔적》이 촉발한 진화 문제에 흥미를 갖고 있었다. 아마존 우림을 탐험하면서 그는 신종 진화의 증거들을 조사하기 시작했다.

1854년에 월리스는 인도네시아와 말레이시아로 8년 동안의 탐험을 떠났고, 그곳에서 종에 관한 탐구를 계속했다. 그다음 해 그는 논문 〈신종의 도입을 통제하는 법칙에 관하여〉를 발표했다.

그 논문에서 그는 모든 신종은 "이미 존재하는, 밀접한 연관 관계가 있는 종"의 근처에서 출현한다고 주장했다. 비록 진화가 일어날 수 있는 여러 방법에 대해서는 전혀 언급하지 않았지만, 그가 종의 진화 문제를 연구하고 있다는 것은 분명했다.

그 논문에 자극받은 다윈은 드디어 진화에 관한 책을 쓰기 시작했다. 그는 월리스에게 논문을 쓴 것을 축하한다는 편지를 보내면서, 자신도 오랫동안 종 문제를 연구하고 있으며, 그 주제를 다룬 책을 쓰고 있다고 덧붙였다.

과학자로서 다윈의 갈등

1858년 6월, 다윈은 《자연선택》이라는 이름을 붙이려 했던 수백 쪽의 책을 썼지만, 라이엘에게 말했듯이 이 엄청난 부피의 "끝없는 종에 관한 책"에는 아직 써야 할 부분이 많이 남아 있었다. 그달에 다윈은 말루쿠 제도(지금의 인도네시아)의 한 섬인 트르나테에서 온 우편물을 받았다. 월리스가 보낸 논문 원고였다.

월리스는 자신이 존경하는 다윈의 견해를 듣고 싶어서 그 논문을 보냈던 것이다. 그는 다윈에게 그 원고를 라이엘에게도 전달해 달라고 부탁했다. 논문을 읽은 다윈은 놀라서 주저앉았다. 월리스는 다윈이 20년 동안 고민해 온 자연선택 이론의 상당 부분을 산뜻하게 정리해 놓았다.

이세 다윈은 자신이 이러시도 저러시도 못하는 막다른 상황에 처해 있음을 알았다. 그는 공정한 사람이었기에 자신을 신뢰하고 있는 월리스에게서 자연선택 이론에 도달했다는 영예를 가로채고 싶지는 않았다. 그러나 몇몇 친구들이 이미 알고 있는 것처럼, 다윈 자신이 오래전에 그 이론을 구축했기 때문에, 자신의 연구에 대한 자부심과 영예를 얻고 싶은 욕망이 당연히 있었다. 그제서야 그는 그토록 오랫동안 자신의 이론을 발표하지 않고 머뭇거린 것을 후회했다. 이제 그의 오랜 노력은 허사가 될 운명이었다.

그는 자신의 연구를 알고 있는 당시의 가장 존경받는 과학자였던 라이엘에게 어떻게 하면 좋겠냐고 물었다. 그는 무엇보다도 월리스가 자신을 명예를 갈구하는 좀스럽고 탐욕스러운 사람이라고 생각하지 않기를 원했다.

"내 책을 전부 태워 없애는 편이 낫겠어요. 그나 다른 사람들이 내가 하찮은 영혼의 소유자라고 생각하게 되느니 말이죠."

공동 발표로 세상에 알려진 자연선택 이론

라이엘과 후커는 다윈이 동의할 만한 계획을 세웠다. 그들은 런던에 있는 자연사학회인 린네학회의 7월 회의에서 다윈-월리스 이론을 발표하자고 계획을 세웠다. 발표는 학회 간사가 했고, 다윈의 자연선택에 관한 1844년의 원고 일부와 1857년에 그 주제에 관해 에이서 그레이에게 보낸 편지 일부, 그리고 월리스가 트르나테에서 보낸 논문으로 이루어졌다.

자연선택 이론은 마침내 세상에 모습을 드러냈고, 다윈과 월리스는 공식적으로 공동 저자가 되었다. 비록 시간 순서로 보면 다윈이 먼저 그 생각을 했다는 것이 분명하지만.

다윈과 월리스가 자연선택을 발견한 영예를 공유하기로 한 이 합의는 과학자들이 선한 의도로 사심 없이 협력한 눈부신 사례라고 찬사를 받았다. 그러나 사실 월리스는 그 계획에 동의할 기회를 갖지 못했고 요청조차 받지 못했다. 편지가 트르나테에 도달하고 월리스의 대답을 받으려면 몇 달이 걸려야 했기 때문이다. 심지어 월리스는 린네학회의 합동 발표가 개최된 뒤 석 달 뒤에야, 그런 일이 있었다는 것을 알았다.

월리스가 그런 처리 방식에 완벽하게 만족했다고 전해오자, 다윈은 크게 안도했다. 월리스와 다윈은 다윈의 삶이 끝날 때까지 친구이자 동료로 지냈다. 비록 몇 가지 중요한 문제에서 의견이 다르긴 했지만 말이다.

월리스는 야생에서 살아가는 수천 종이 각각 자신의 생태적 지위에 완벽하게 적응해 있다는 관찰 결과와, 존재는 생존 경쟁이라는 인식(다윈과 마찬가지로 그도 맬서스의 《인구론》에 흠뻑 빠져 있었다)을 통해 자연선택을 이끌어 냈다.

그는 자신과 다윈이 독자적으로 자연선택 개념에 도달했다는 것을 알았다. 다윈이 월리스의 생각을 표절했다는 의심은 한 번도 제기된 적이 없었다. 그리고 그는 다윈이 그 개념을 먼저 생각했다는 사실을 받아들였다. 사적인 편지와 발표된 연구 결과를 통해 그들은 돈독한 대화를 나누고 서로를 존중했다. 월리스는 진화에 대한 통찰이 자신의 이름이 아니라 다윈의 이름과 연관되는 데 그다지 신경쓰지 않았다.

더 이상 미룰 수 없었던 《종의 기원》

다윈은 걱정과 슬픔에 사로잡혀 있었기 때문에, 자신의 이론이 발표되는 린네학회 회의에 참석하지 않았다. 막내인 찰스가 성홍열로 막 죽었고, 딸 에티도 병을 앓고 있었던 것이다. 그렇지만 그는 자연선택에 관해 뭔가를 당장 발표해야 한다며 조급해했다. 그것도 곧.

그는 그동안 꾸준히 준비해 왔던 두꺼운 책을 포기하고 간결하게 요약한 책을 서둘러 준비했다. 그 책은 1859년 11월 《자연선택에 의한 종의 기원에 관하여》라는 제목으로 출간되었다. 이 책은 서적을 판매하는 쪽에서 대단한 관심을 불러일으켜, 판매상들에게 첫 판이 공급된 바로 그날 1,250권이 순식간에 팔려나갔다.

《종의 기원》은 다윈이 원래 쓰려고 계획했던 쪽수보다 훨씬 짧았지만, 그럼에도 400쪽이 넘는 상당한 분량의 책이었다. 다윈은 그 책에서 비둘기 사육사, 화석 물고기, 러시아 바퀴벌레, 빙산, 고양이, 쥐, 꿀벌, 붉은토끼풀을 연결하는 미묘한 생태적 관계 같은 주제를 논했다. 그는 지질학, 해부학, 식물학, 동물학 분야에서 20년 동안 했던 독서, 관찰, 수집, 실험을 인용하여 두 가지 요점을 이끌어 냈다.

첫 번째는 종이 진화하며 환경에 맞게 적응한다는 것이다.(그때까지만 해도 다윈은 '변형된 자손'이라는 용어를 사용했다. '진화'라는 용어는 1872년 《종의 기원》 6판째부터 썼다.) 두 번째는 가장 생존과 번식 능력이 뛰어난 생물이 선호된다는 자연선택이 신종을 서서히 형성시키는 주된 과정이라는 것이다.

> 자연선택은 매일 매시간 전 세계의 모든 변이를 가장 사소한 것까지도 세세히 검사하고 있다고 할 수도 있다. 나쁜 것은 거부하고 좋은 것은 모두 보존하고 추가한다는 말이다. 그것은 언제 어디서든 기회가 주어질 때마다, 조용히 그리고 알지 못하는 사이에, 삶의 조건에 맞게 각 생명체를 개선해 간다. 우리는 시간의 손이 그 오랜 시대의 경과를 표시해 주기 전까지는 서서히 진행되는 이런 변화를 결코 보지 못한다. 그리고 오랜 과거의 지질 시대를 들여다보기에는 우리의 시선이 너무나 불완전하기 때문에, 지금 우리가 볼 수 있는 것은 과거에 있었던 것과 형태가 다른 생명체들뿐이다.

다윈은 《종의 기원》이 신의 기적적인 창조에 반대되는 하나의 긴 논증이라고 당당하게 불렀다. 그는 마지막 장을 자신이 품은 자연과 자연법칙의 경이감을 그대로 포착해낸 문장으로 끝맺으면서 그 논증을 요약했다. 다윈은 초자연적 신비를 상상해 낼 필요가 전혀 없었다. 그의 눈앞에 있는 지상 세계도 충분히 경외감을 주고 있었으니까.

수없이 다양한 많은 식물들과 덤불 속에서 노래하는 새들, 주위를 날아다니는 온갖 곤충들, 젖은 흙 속을 기어다니는 벌레들로 뒤덮인 둑을 바라보는 것, 그리고 그토록 서로 다르고 그토록 복잡한 방식으로 서로 의존하고 있는, 이 정교하게 구축된 모든 생명체들이 우리 주변에 작용하는 법칙에 의해 만들어져 왔다고 생각하는 것은 매우 흥미로운 일이다. 생명과 그것의 몇 가지 능력이 원래 몇몇 또는 한 가지 형태 속에 불어넣어졌다는 견해에는 숭고함마저 든다. 그리고 이 행성이 정해진 중력 법칙에 따라 계속 회전해 오는 동안, 그렇게 단순했던 시작이 이렇게 가장 아름답고 경이로운 무수한 형태의 생명으로 진화했고 진화하고 있다는 것은 또 얼마나 장엄한가.

《종의 기원》에 보인 사람들의 반응

다윈이 예측한 대로, 《종의 기원》은 과학자들과 일반 대중 사이에 열띤 논쟁을 불러일으켰다. 그는 몇몇 동료들이 보내 준 성원에 용기를 얻었다. 후커와 에이서 그레이는 일찍부터 지지자였다. 토머스 헉슬리는 다윈이 전개한 논증이 가진 품격 있는 간결함에 너무 매료된 나머지, 책을 다 읽고 덮으면서 외쳤다.

ON

THE ORIGIN OF SPECIES

BY MEANS OF NATURAL SELECTION,

OR THE

PRESERVATION OF FAVOURED RACES IN THE STRUGGLE
FOR LIFE.

By CHARLES DARWIN, M.A.,
FELLOW OF THE ROYAL, GEOLOGICAL, LINNÆAN, ETC., SOCIETIES;
AUTHOR OF 'JOURNAL OF RESEARCHES DURING H. M. S. BEAGLE'S VOYAGE
ROUND THE WORLD.'

LONDON:
JOHN MURRAY, ALBEMARLE STREET.
1859.

자연선택을 통한 진화론을 전개한 지 20년이 지난 1859년, 다윈은 그 주제를 다룬 첫 책을 출간했다. 그가 예상한 대로《종의 기원》은 폭발적인 논쟁을 불러일으켰다.

"이런 생각을 못 했다니, 이 얼마나 어리석은가!"

헉슬리는 중요한 부분에서는 다윈에게 동의하지 않았지만, 이후 바로 다윈 쪽으로 돌아섰다. 그러나 다윈은 자신의 오래된 조언자인 애덤 세지윅과 존 헨슬로가 자연선택을 거부했다는 말을 듣고 실망을 금치 못했다. 성직자였던 두 사람은 창조자의 인도하는 손길 없이 생명이 진화할 수 있다는 생각에 불편함을 느꼈다.

가장 큰 실망을 안겨 준 것은 찰스 라이엘의 반응이었다. 이 저명한 지질학자는 다윈에게 중요한 영향을 주었고, 나중에는 다윈에게 그의 이론을 계속 탐구하고 발표하라고 용기를 북돋워 주기까지 한 사람이었다. 다윈은 과학계뿐 아니라 사회 및 정치 분야에서도 존경을 받는 라이엘의 추천을 받으면,《종의 기원》이 훨씬 더 쉽게 받아들여질 수 있을 것이라고 믿었다. 그러나 라이엘의 열정은 가라앉은 상태였다.

그는 자신의 사회적 지위와 왕가와의 친분이 어떤 가치를 지니는지 재는 신중한 사람이었다. 그는 보수적인 독자들이 반발하지 않도록 자신의 진보적인 생각을 신중한 언어로 포장하는 데 뛰어났다. 비록 개인적으로는 다윈의 진화와 자연선택에 동의했지만, 그는 결코 다윈이 원했던, 공개적인 형태의 전폭적인 지지를 보이지 않았다.

한 걸음 물러선 《종의 기원》 두 번째 판

나중에 다윈은 라이엘의 선전 전략을 채택해, 겁 많은 독자를 안심시킬 수 있는 언어를 사용했다. 그 중요한 사례가 《종의 기원》 두 번째 판에 나타났다. 개정판에서 다윈은 마지막 문장을 생명이 "원래 창조자를 통해 몇몇 또는 한 가지 형태 속에 불어넣어졌다"라고 바꾸었다. 이렇게 '창조자를 통해'라고 덧붙임으로써, 자연선택이 반드시 우주에서 신을 폐기하는 것은 아니라는 점을 독자들에게 상기시켰던 것이다.

그러나 〈생존 경쟁〉이라는 장에서, 그는 자연이 생존할 수 있는 수보다 더 많은 생물을 생산한다는 맬서스의 원칙은, 자연이 자애로움과 거리가 멀다는 증거라고 썼다. 그는 알에서 깨어났지만 둥지를 떠나지 못한 채 죽는 새, 결코 싹이 트지 않는 씨앗 등을 예로 들었다. 또 그는 새끼가 살아 있는 나방 애벌레를 조금씩 먹으며 자랄 수 있도록 그 애벌레의 몸 안에 알을 낳는 말벌처럼, 너무 잔인해서 도저히 너그러운 신의 작품이라고 볼 수 없는 자연사의 측면들도 열거했다. 다윈은 후커에게 쓴 편지에서 이렇게 외치기도 했다.

"악마의 사도가 아니라면 이 꼴사납고, 낭비적이고, 서투를 정도로 천박하며 끔찍한 자연의 작품들에 대해 책을 쓰지 못할 거야!"

신에 대항하거나 악마를 대신하는 설교자를 뜻하는 '악마의 사도'는 다윈이 케임브리지를 다닐 때, 기독교를 버린 배교 성직자 로버트 테일러를 지칭하는 말이었다. 탄탄한 조직을 갖춘 교회를 비난한 연설 때문에, 테일러는 사회의 위험 인물로 지목되어 감옥에 갇혔다. 개인적으로는 불가지론자였지만, 다윈은 자신의 생각을 그대로 내뱉어 교회를 적으로 만드는 일은 하지 않았다. 하지만 《종의 기원》이 출판되고 나자, 세상 사람들 중에는 그를 새로운 '악마의 사도'로 보는 사람도 생겼다.

기독교인들의 의심

다윈의 지지자 중에는 헌신적인 기독교 신자들이 꽤 많았는데, 그중에는 성직자들도 많았다. 저명한 신부이자 작가인 찰스 킹즐리는 진화와 신 사이에는 아무런 갈등도 없다고 보았다. 그는 신이 "자기 발전이 가능한 능력을 지닌 원시적 형태들"을 창조했다는 생각은 신이 모든 형태를 각각 창조했다는 생각만큼 고결하다고 다윈에게 편지를 썼다.

유명한 미국 전도사인 헨리 워드 비처도 이런 관점을 가졌다. 그는 말했다. "나는 진화가 신성한 창조 방법의 발견이라고 생각한다."

그러나 대다수의 성직자들은 《종의 기원》에 반발했다. 그들은 진화가 성경의 창조 설명을 부정한다며, 사람들이 한번 성경에 의심을 품기 시작하면 어디에서 그 의심이 멈출 것 같냐고 물었다. 진화 논의는 정치적 힘이자 정신적 힘인 교회의 도덕적 권위를 위협했다. 많은 사람들은 그런 생각이 확산되는 것이 위험하다고 보았다. 그것은 사회의 질서를 무너뜨릴 수 있기 때문이었다.

다윈과 진화론을 옹호하는 전투에 나선 헉슬리와 후커

옥스퍼드의 주교인 새뮤얼 윌버포스만큼 진화를 재치 있게 공격한 성직자도 없다. 토론할 때 드러나는 매끄러운 말솜씨와 유창함 때문에 '비누 같은 샘'이라는 별명을 얻은 윌버포스는 1860년 6월의 대사건인, 다윈을 중심으로 한 연극의 주역이었다. 옥스퍼드에서 열린 영국과학발전협회의 연례회의에서 윌버포스는 다윈과 진화를 반박하는 연설을 하기로 예정되어 있었다. 다윈은 참석하지 않았지만, 그의 대리인인 헉슬리와 후커가 참석해 그의 이론을 옹호할 준비를 갖춘 상태였다. 강의실에는 700명이 넘는 사람들이 몰려들어, 사람들이 이 논쟁에 얼마나 관심이 많았는지를 짐작하게 했다.

비록 진화론의 쟁점을 거의 이해하지 못하고 있는 듯했지만, 윌버포스는 유창하게 연설했다. 그의 연설은 지성보다는 감정에 호소했다. 연설 도중에 그는 만일 자신의 가계도에 '유인원'이 있다는 것이 증명된다면, 자신이 얼마나 고민하게 될지 언급했다. 그다음에 그가 또 무슨 말을 했는지는 구체적으로 알려지지 않았지만, 그 회의에서 있었던 많은 일화가 알려져 있다.

월버포스는 연설 도중에 헉슬리를 향해 돌아서서, 헉슬리가 유인원의 자손이라고 주장한다면 할아버지 쪽인지 할머니 쪽인지 물었다. 그것은 악의가 담긴 모욕이라기보다는 선의의 농담이었을 것이다.

대답을 하라는 청중들의 요청을 받아들여, 헉슬리는 이렇게 응답했다. 자신의 재능을 "중요한 과학 토론을 단지 웃음거리로 만드는 데 사용하려는" 지적이고 영향력 있는 사람보다는 차라리 유인원을 할아버지로 삼겠다고. 강의실은 순식간에 소란스러워졌다. 한 여성은 너무 흥분해서 기절하기도 했다.

옥스퍼드의 주교이자 유명한 다윈 비판가인 새뮤얼 월버포스를 그린 풍자화

헉슬리가 받아넘긴 말 때문에 일어난 소동은 청중 속에서 백발의 노인이 머리 위로 두꺼운 성경을 치켜들고 일어서자 가라앉았다. 그는 비글호의 선장이었던 로버트 피츠로이 제독이었다.

노예제와 성경에 관해 논쟁을 벌인 적이 있었던 다윈과 피츠로이는 지난 30년 동안 거의 연락하지 않고 지냈다. 그 사이에 피츠로이는 성경의 글자 그대로를 진실이라고 믿는 완고한 창조론자가 되어 있었다. 그는 《종의 기원》이 자신에게 가장 심한 고통을 준다면서, 청중들에게 다윈의 생각을 깨끗이 잊으라고 촉구했다. 그러나 청중은 그에게 앉으라고 소리치면서, 다음 연사를 불러냈다.(우울증이 있었던 피츠로이는 비참한 종말을 맞았다. 그는 옥스퍼드의 논쟁이 있은 지 몇 년 뒤 칼로 자신의 목을 그었다.)

논쟁의 다음 연사는 후커였다. 후커는 신중하고 감명적인 연설로 청중들에게 윌버포스가 《종의 기원》을 읽은 적이 없고 과학에 무지하다는 것을 보여 주었다. 후커는 주교가 "한 마디도 꺼내지 못했고, 4시간의 전투 끝에 당신을 그 분야의 대가로 남겨둔 채 회의가 끝났습니다"라고 아주 기뻐하는 내용의 편지를 다윈에게 보냈다.

진화론자로서 주장을 펼친 사람은 후커였지만, 사람들이 기억한 사람은 주교와 활발하게 말을 주고받은 헉슬리였다. 그 사건으로 거칠고 집요한 헉슬리는 '다윈의 불독'이라는 별명을 얻었다. 그는 언제든지 다윈과 진화론을 옹호하는 전투에 나설 준비가 되어 있었다.

인류의 기원을 파헤치다

주교가 비꼬아 한 말은 다윈 이론 중 가장 껄끄러운 측면의 핵심을 찌른 것이었다. 바로 인간의 지위를 언급한 부분이었다. 종이 진화했다면, 인류는 어디서 유래했단 말인가?

이 문제를 대하는 다윈 자신의 관점은 명확했다. 그의 노트와 사적인 편지들은 그가 인간을 포함한 모든 생명이 공통 조상에서 진화했다는 것을 이해했으며, 또 유인원과 원숭이가 인류와 가장 가까운 친척이라는 점도 인식했음을 보여 준다. 그러나 그는 《종의 기원》에서 이 급진적인 개념을 끝까지 밀고 나가지는 않았다. 그는 인간의 진화라는 주제에 매우 신중했으며, 진화 연구가 계속되면 미래에는 "인류와 인류의 역사에 빛이 비칠 것이다"라고만 예측해 놓았다.

하지만 인류가 동물 세계의 자손이라는 다윈의 관점은 《종의 기원》의 행간에서도 쉽게 읽을 수 있으며, 과학자들은 인간과 유인원의 유사성과 차이점을 놓고 논쟁을 벌이기 시작했다. 독실하고 예의 바른 빅토리아 시대의 사람들이 그런 추측에 어떤 태도를 취했는지는 우스터 주교의 부인이 내뱉은 말에 잘 요약되어 있다.

"유인원의 자손이라니! 세상에! 그것이 사실이 아니길. 하지만 만일 그것이 사실이라면 널리 알려지지 않기를."

《종의 기원》이 출간된 이후, 라이엘과 월리스를 비롯한 수많은 저자들이 자신의 책에서 인간 진화 문제를 다루기 시작했다. 특히 헉슬리는 그 문제를 가장 열정적으로 파고든 사람이었다. 1863년에 출간된 《자연에서 인간의 위치와 관련된 증거》라는 책에서 인간이 구조적으로 고릴라와 침팬지와 연관되어 있다는 것을 보여 준 뒤로, 그는 호모 사피엔스를 확고하게 동물계에 집어넣었다.

'다윈의 불독'인 토머스 헨리 헉슬리가 고릴라의 두개골에 관해 강의하는 모습. 헉슬리는 가장 열렬한 다윈 옹호자였다.

진화론자 중에서도 인간을 동물계에 포함시키는 것을 쉽게 받아들이지 못하는 사람들도 있었다. 앨프리드 러셀 월리스를 비롯한 많은 사람들은 비록 인간이 진화와 자연선택을 통해 자신의 신체 형태를 얻긴 했지만, 인간의 유일한 특성인 정신과 영혼은 영적인 힘에 의해 부여된 것이라고 믿었다.

'다윈주의' 등장과 진화론의 설득 작업

다윈은 동료들과 긴밀하게 소식을 주고받으면서 날카롭게 상황을 주시하고 있었다. 하지만 다윈은 진화를 놓고 격렬한 논쟁이 벌어지고 있을 때에는 사람들 앞에 거의 모습을 드러내지 않았다. 오래 지나지 않아 다윈의 생각들, 특히 종의 진화, 일차적인 진화 의 원리로서의 자연선택, 공통 조상의 자손인 모든 생명들, 진화가 급작스런 도약이 아니라 서서히 점진적으로 일어난다는 점진주의를 총칭하여 '다윈주의'라는 용어가 쓰이게 되었다.

다윈을 제외하고 영국에서 가장 잘 알려진 다윈주의자는 헉슬리와 후커였다. 미국에서 다윈의 주된 옹호자는 하버드 대학교의 식물학자 에이서 그레이였고, 주요 공격자는 역시 하버드대학교의 동물학자인 루이 아가시(1807~1873)였다. 독일에서 다윈주의는 에른스트 헤켈(1834~1919)이라는 투사를 만났다. 동물학자이자 해부학자인 그는 강연과 논설을 통해 대중들에게 열정적으로 진화론을 전파했다.

늙은 다윈을 원숭이로 표현한 풍자화
사람들이 다윈주의에서 가장 불쾌하게 여겼던 부분은 인간이 자연계의 일부,
즉 유인원이나 원숭이와 밀접한 관계가 있다는 생각이었다.

이런 과학자들의 노력으로, 다윈의 생각은 서서히 논란을 극복하면서 널리 받아들여지기 시작했다. 《종의 기원》이 발표된 지 20년이 지나자, 사람들은 다윈을 위험하지만 존경할 만한 단골 분쟁자에서 덕망 있는 과학자로 보게 되었다.

그 와중에도 다윈은 열정적으로 연구를 계속 했다. 그는 《종의 기원》 개정판을 준비하느라 바빴다. 그는 새로운 증거를 추가하고 비판에 대응하면서 1860년에서 1872년 사이에 그 책을 다섯 번이나 개정했다. 또 그는 세계 각지에서 쏟아지는 수많은 편지들을 처리하고 위대한 인물의 모습을 보기 위해 다운하우스를 방문하는 손님들을 맞이해야 했다.

이런 바쁜 생활 속에서도 그는 《종의 기원》 이후로 10권의 책을 펴냈다. 이 중에는 부피가 상당한 것도 있었다. 이 책들은 진화의 다양한 측면을 자세하게 설명하고 있다. 말하자면 《종의 기원》에서 전개한 생각들을 보충하고 확장했다.

또다시 식물의 세계로 파고든 다윈

이 열 권의 책 중에는 식물을 다룬 것들이 한 줄기를 이루고 있다. 다윈은 점점 식물에 매력을 느끼기 시작했는데, 아마 식물학자인 후커와 그레이에게 영향을 받은 듯싶다.

1862년 그는 《곤충을 통한 난초의 다양한 수정 전략》을 펴냈는데, 이 책에서 그는 난초 꽃의 정교한 모양과 색깔이 꽃가루받이를 하는 곤충들을 유인하기 위해 진화한 것임을 보여 주었다. 다음 해 다윈은 다운하우스에 온실을 지었다. 그는 그곳에서 식물을 연구하고 조사하면서 시간을 보냈다. 특히 그는 파리지옥 같은 식충식물과 담쟁이덩굴 같은 덩굴식물에 관심이 있었다.

그가 그 뒤에 쓴 식물에 관한 책으로는 《덩굴식물의 운동과 습성》(1865), 《식충식물》(1875), 《식물의 교배와 자가 수정의 효과》(1876), 《같은 종 식물의 꽃 형태 변이》(1877) 그리고 아들 프랜시스와 함께 쓴 《식물의 운동 능력》(1880)이 있다.

부모가 살면서 얻은 형질을 자손에게 전달할 수 있을까

다윈 자신이 《종의 기원》에서 다룬 주제들을 좀 더 심도 있게 연구한 책들도 있다.

《기르는 동식물의 변이》(1868)라는 두 권으로 된 책은 그가 《종의 기원》을 쓰기 위해 준비했던 자료를 이용해 인간이 기르는 동식물의 교배를 다루고 있다. 이 책에서 다윈은 후커, 헉슬리 등 자신의 지지자들이 비판하게 될 이론을 수용했다. 그는 그것을 범생설(pangenesis)이라고 불렀다. 부모가 자손에게 자신의 형질을 어떻게 전달하는지 설명하려는 시도였다.

다윈은 부모의 몸 안에 있는 입자가 형질을 기록하고 있다고 확신했다. 오늘날에는 이 입자를 유전자라고 하는데, 범생설은 부분적으로는 옳다. 그러나 생물이 살면서 획득한 형질이 자손에게 전달될 수 있다는 다윈의 믿음은 완전히 틀렸다.

이 개념은 다윈 이전의 학자들, 특히 프랑스 진화론자인 라마르크가 주장했지만, 불신을 받고 있었다. 획득형질은 유전되지 않는다. 보디빌더는 우람한 근육을 가꿀 수 있지만, 그의 아기가 불룩한 이두박근을 갖고 태어나진 않는다.

인간은 왜 커다란 엉덩이와 두꺼운 입술을 갖게 되었을까

1871년 다윈은 《인간의 유래와 성 선택》이라는 책에서 인간의 기원에 관한 자신의 관점을 피력했다. 이 책은 사실 두 권을 하나로 합친 것이다. 앞부분에서 다윈은 많은 사람들이 오해하는 것과 달리, 인간은 현재 존재하는 원숭이나 유인원이 아니라 먼 과거에 살았던 유인원 비슷한 조상으로부터 진화한 것이라고 주장했다.

뒷부분에서 그는 성 선택, 즉 짝짓기를 위한 경쟁이 진화의 기여 요인이라는 이론을 전개했다. 다윈은 공작의 크고 화려한 꼬리 같은 형질은 먹이를 얻거나 포식자를 피하는 데 도움을 주지 못한다고 판단했다. 그런 형질들은 짝을 유인하는 데 도움을 주기 때문에 진화한 것이다. 그는 인간의 커다란 엉덩이와 두꺼운 입술 같은 형질도 같은 이유로 진화했을 수 있다고 생각했다.

다윈은 《인간과 동물의 감정 표현》(1872)에서 다시 인류의 기원 문제를 논했다. 이 책에서 그는 요람 안에서 웃고 우는 자신의 첫아이를 바라보았던 때부터 계속 관심을 갖던 웃음, 찡그림 같은 행동의 진화를 기술했다.

다윈의 마지막 책은 보잘것없는 대상을 다루고 있다. 그 대상은 느릿느릿 꾸준한 활동을 통해 지구의 토양층을 만든 지렁이다. 마치 자연선택 그 자체처럼, 지렁이는 어디에나 존재하면서 끈기 있게 보이지 않으면서 소리 없이 세계를 재형성하는 일을 해 왔다. 《지렁이의 활동을 통한 식생 토양 형성》(1881)에서 그는 서서히 일어나는 작은 변화의 축적, 즉 점진주의에 대한 자신의 신념을 재확인했다.

**"관찰과 실험을 포기할 수밖에 없는 날이
바로 내가 죽는 날이 될 것이다"**

이런 와중에 다윈은 아이들이 성장하는 모습을 뿌듯하게 지켜보았다. 그는 아이들에게 과학자가 되라고 강요한 적이 한 번도 없었지만, 아이들이 과학 분야를 선택했을 때 무척 기뻐했다.

조지는 천문학자가 되어 케임브리지대학교의 교수가 되었다. 프랜시스는 케임브리지대학교의 식물학자가 되었고, 다윈의 편지들과 자식들에게 쓴 자전적인 글들을 편찬하기도 했다. 벌레반이라는 장치를 발명해 다윈이 지렁이의 새 토양 형성 속도를 측정할 수 있게 도와주었던 호레이스는 과학 기기 제조 회사를 설립했다.

다윈은 1860년대 중반에 건강이 심하게 악화되어 고생했다. 그 뒤 그의 건강은 다소 좋아졌지만, 시간이 갈수록 점점 더 자주 피로를 느꼈다. 노년기에 접어들어 그는 자신이 능력을 최대한 발휘해 중요한 과학적 성과를 남겼고, 자신의 생각이 세상에 길이 남을 영향을 끼쳤다는 것을 알고 흡족해했다. 그는 눈이 멀거나 몸이 너무 약해져서 더 이상 연구를 할 수 없게 될지도 모른다고 생각하면서 끔찍해했다. 그러면서 그는 이렇게 말했다.

"관찰과 실험을 포기할 수밖에 없는 날이 바로 내가 죽는 날이 될 것이다."

1882년 초 다윈은 약한 심장 발작을 몇 차례 겪는다. 그리고 심각한 발작이 일어난 4월 19일 오후, 그는 다운하우스에서 심장병으로 사망했다.

다윈이 임종할 때 진화를 포기하고 자신이 기독교도라고 밝혔다는 이야기가 떠돌기 시작했다. 하지만 다윈에 관한 수많은 이야기들처럼, 그 이야기도 단지 속설에 불과할 뿐이다. 실제로 다윈이 임종할 때 했던 말은 4월 18일 부인 엠마에게 조용하게 건넨 말뿐이었다.

"적어도 나는 죽음이 두렵지 않아."

다윈은 자신이 수십 년 동안 살아왔던 마을에 묻히길 원

다윈이 죽기 일 년 전에 찍은 사진
그는 오랜 풍파를 겪어 쇠약해진 현자처럼 보인다. 그는 말했다. "관찰과 실험을 포기할 수밖에 없는 날이 바로 내가 죽는 날이 될 것이다."

했지만, 그의 동료들은 다윈이 마땅히 영예를 누려야 한다고 가족들을 설득했다. 다윈의 명성에 걸맞게 영국의 영웅들이 누워 있는 웨스트민스터 사원 묘지에 묻혀야 한다고 다윈주의자들이 정치 압력을 가하고 언론이 운동을 벌이자, 주교나 정부 장관도 그 요구를 거절할 수 없었다.

다윈은 4월 26일 그곳에 묻혔다. 월리스, 헉슬리, 후커 그리고 미국 대사가 그의 관을 들어 옮겼고, 많은 친구들과 동료들, 유명 인사들은 한때 모든 신앙의 적이라고 비난을 받았던 다윈이 영국 국교회의 심장부에 장엄하게 묻히는 광경을 지켜보았다. 날카로운 풍자 감각을 지녔던 다윈은 이 광경을 즐겼을지도 모른다.

다윈에게 도전장을 던지고 있는 과학

다윈은 평생 많은 반대에 직면했다. 대부분은 종교적 이유에서 제기된 것이지만, 그의 이론에 결함이 있다고 믿은 동료 과학자들이 제기한 것도 있었다.

한 가지 반대는 이런 것이다. 다윈의 진화론은 한 종이 다른 종으로 변화하는 과정이 느리고 점진적이라고 주장했다. 하지만 기존의 종과 새 종 사이에 존재해야만 할 중간 형태의 화석은 전혀 발견되지 않았다. 다윈은 화석 기록이 불완전하다는 것을 잘 알고 있었다. 그는 고생물학 연구가 계속 이루어진다면, 중간 형태가 존재한다는 것을 보여 줄 새로운 화석이 발견될 것이라고 기대했다.

화석 증거물들이 장차 발견될 것이라는 다윈의 희망은 1861년에 극적으로 화답을 받았다. 독일에서 놀라운 화석이 발견된 것이다. '시조새'라고 이름이 붙은 그것은 새의 깃털이 달린 날개에, 도마뱀의 이빨과 척추와 꼬리를 지닌 생물이었다. 말하자면 파충류와 조류의 중간 형태를 지닌, 다윈이 예측했던 바로 그런 종류의 생물이었다. 다윈은 기뻐했다. "이 화석 새는 나를 위한 소중한 사례다."

그 뒤에 계속 다른 중간 형태의 화석 기록이 발견되었다. 파충류와 조류

"이 화석 새는
나를 위한 소중한 사례다."

의 추가적인 중간 형태, 포유류와 파충류를 연결하는 포유류형 파충류인 수궁류(therapsid), 그리고 말이나 다른 현대 종들의 진화상으로 완벽한 중간 단계에 속한 생물들이 그것들이다.

동시에, 현대 고생물학자들은 다윈이 믿었던 것과 달리, 변화 과정이 언제나 느리고 점진적인 것은 아니라고 생각하고 있다. 새로운 형태가 비교적 급작스럽게 나타나는 경우도 있다. 변화는 서서히 일어날 수도 있고 급속히 일어날 수도 있다. 생물학자들과 고생물학자들은 생명의 역사에서 볼 수 있는 이런 급격한 도약을 이해하기 위해 노력하고 있다. 그러나 앞으로 자신의 신념을 지지해 줄 중간 형태의 화석 증거물들이 발견될 것이라는 다윈의 믿음은 옳았다.

다윈을 평생 따라다녔던 또 하나의 반대는 시간과 관련된 것이었다.

지질학은 지구의 역사를 영겁 같은 과거로 연장시켜 '깊은 시간'이라는 드넓은 전망을 열어 놓았다. 이런 지질학적 시간 개념은 진화론적 사유에 매우 중요하다.

다윈은 모든 진화가 작고 거의 알아차릴 수 없는 변화가 서서히 축적되어 일어난다고 믿었다. 즉 세대에 세대를 거치면서 일어나는 과정이라고 생각했다. 그는 지구의 나이가 수억 년이라고 한 지질학자 찰스 라이엘의 생각에 동의했다. 1859년에 다윈은 공룡이 3억 년 전에 살았다고 계산했다.

그러나 나중에 켈빈 경이라고 불렸던, 저명한 물리학자 윌리엄 톰슨 경은 1862년 자신이 물리학을 이용해 지구의 나이를 측정했다고 발표했다.

켈빈은 라이엘과 다윈의 주장처럼 지구가 그렇게 엄청난 시간 동안 태양의 빛을 받아왔을 리가 없다고 주장했다. 만일 태양이 그렇게 오랫동안 존재해 왔다면, 연료가 다 떨어져서 지금까지 열과 빛을 공급할 수 없을 것이라고 말했다.

자신이 계산한 태양의 나이와 지구가 원래의 용융 상태에서 지금의 온도

조류와 파충류의 중간 형태인 시조새 화석

지구는 켈빈이 생각한 것보다 훨씬 더
오래되었다. 그리고 다윈이 생각한 것보다도
훨씬 오래되었다.

가 되기까지 식어 온 속도를 이용해, 켈빈은 지구의 나이가 약 1억 년이라고 추정했다. 지구의 나이를 2400만 년 정도라고 적게 추정한 사람들도 있었다. 그러나 켈빈의 추정값도 다윈이 주장하는 방식의 진화가 일어나기에는 충분한 시간이 되지 못했다.

다윈은 켈빈이 계산한 지구의 나이가 분명히 틀렸다고 느꼈지만, 그것을 증명할 방법이 없었다. 그리고 그는 켈빈의 생각이 자신의 이론이 직면한 가장 심각한 도전이라고 받아들였다. 그 문제는 다윈이 세상을 떠나고 난 뒤, 원자 에너지와 방사성 원소들이 발견되고 나서야 풀렸다.

원자 에너지는 태양의 동력원이며, 켈빈이 추정한 1억 년보다 훨씬 더 오랜 시간 태양이 존재했다는 것을 증명해 주었다. 더구나 지구의 방사성 원소들도 열을 발생하며, 이는 앞선 물리학자들이 생각한 것보다 지구가 훨씬 더 서서히 식어 왔다는 의미이기도 하다.

지구는 켈빈이 생각한 것보다 훨씬 더 오래되었다. 그리고 다윈이 생각한 것보다도 훨씬 오래되었다. 현재는 지구의 나이를 45억 년으로 추정하고 있다. 아마 찰스 다윈은 이 소식을 듣고 반가워할 것이다. "자연선택이 일어날 시간이 더 많아졌군!" 하면서 말이다.

현재는 지구의 나이를 45억 년으로 추정하고 있다.
아마 찰스 다윈은 이 소식을 듣고 반가워할 것이다.
"자연선택이 일어날 시간이 더 많아졌군!" 하면서 말이다.

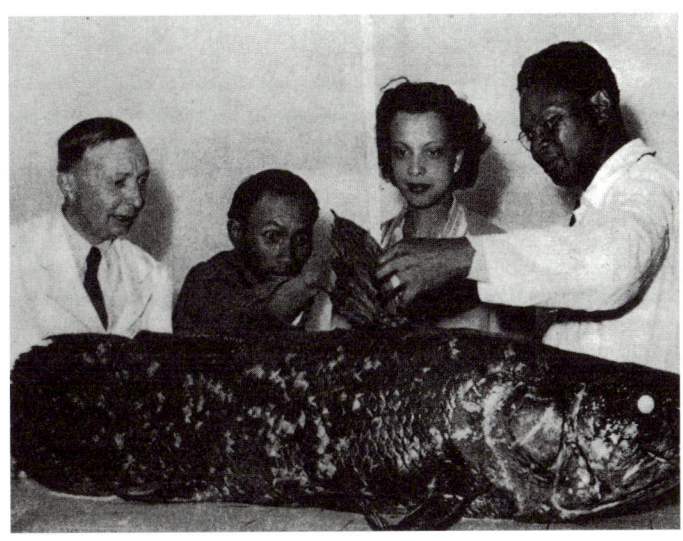

실러캔스는 과학자들이 6,000~7,000만 년 전에 멸종했다고 믿어 왔던 물고기다. 그런데 살아 있는 실러캔스가 1938년 마다가스카르 해안에서 생포되었다. 이런 '살아 있는 화석'은 화석 기록이 완전한 것이 아니며, 우리가 이해할 수 있는 부분은 일부에 지나지 않는다는 다윈의 지적이 옳았음을 증명해 준다.

6

창조론과 진화론의
끊임없는 갈등

OPINIONS

OF

MEN OF LIGHT & LEADING

And of the TIMES Newspaper, &c.,

ON

THE DARWIN CRAZE.

"A Gospel of Dirt."—THOMAS CARLYLE.

"I venture to think that no system of Philosophy that has ever been taught on earth lies under such a weight of antecedent improbability."
THE DUKE OF ARGYLL, in the *Contemporary Review*.

"The subtle sophistries of his (Huxley's) school are doing infinitely more mischief than the outspoken blasphemy of Bradlaugh."
J. M. WINN, M.D., M.R.C.P.

"The Science of those of his books which have made his chief title to fame, the "Origin of Species," and still more the "Descent of Man," is not Science but a mass of assertions and absolutely gratuitous hypotheses, often evidently fallacious. This kind of publication and these theories are a bad example, which a body that respects itself cannot encourage."—LES MONDES.

(Darwin having been refused membership, as a correspondent with the French Academy of Sciences, on the ground of the unscientific character of his books.)

BY

THE REV. F. O. MORRIS, B.A.,

Rector of Nunburnholme, Yorkshire,

AUTHOR OF "A HISTORY OF BRITISH BIRDS,"

Dedicated by permission to Her Most Gracious Majesty the Queen.

LONDON: W. S. PARTRIDGE & CO., PATERNOSTER ROW.

PRICE ONE PENNY.

1885년의 한 반다윈주의 출판물

수십 년 전 찰스 배비지의 파티에서 다윈과 만났던 역사가 토머스 칼라일이 다윈주의를 "흙의 복음"이라고 불렀다고 인용되어 있다.

토머스 헉슬리는 친구 다윈의 업적을 이렇게 요약했다.

> 찰스 다윈보다 더 잘 싸웠던 사람도, 더 운이 좋았던 사람도 없다. 그는 위대한 진리를 발견했으나, 편견을 지닌 자들에게 짓밟히고 모욕을 당했고, 전 세계로부터 조롱을 받았다. 그는 주로 자신의 노력을 통해서 그 진리가 과학계에 확고하게 자리를 잡고, 인류의 공통 사상들과 분리될 수 없을 만큼 통합되는 것을 볼 때까지 장수를 누렸다……. 이 이상 바랄 것이 또 있을까?

지동설 반대와 닮은 진화론 반대

다윈의 위대한 진리, 즉 생명의 진화는 정말로 과학과 인류 공통 사상의 핵심 부분이 되었다. 그러나 그것이 받아들여지기까지 걸어온 길이 항상 순탄했던 것만은 아니었으며, 다윈주의를 둘러싼 논쟁은 지금까지도 계속되고 있다. 다윈은 사람들이 잘 알려진 믿음을 완고하게 고수하기 때문에, 과학 분야에서 제기되는 새로운 생각이 종종 강력한 저항에 부딪힌다는 것을 알고 있었다.

그는 《종의 기원》을 반대하는 주장에 대해 한 신부 친구에게 편지를 썼다.

"이런 반대 중에는 태양이 그 자리에 있고 지구가 주위를 돈다는 말이 처음 나왔을 때 했던 반대와 똑같은 것이 많아."

다윈은 16세기 초 지구가 태양 주위를 돈다는 것을 증명함으로써 천문학에 혁명을 가져왔던 코페르니쿠스의 생각과 마찬가지로, 자신의 생각이 결국에는 승리할 것이라고 믿었다. 다윈의 개념을 제대로 이해하지 못하게 방해하는 한 가지 요인은 그의 기본 생각이 생물학의 범위를 훨씬 넘어서는 방식으로 적용되어 왔기 때문이다.

진화의 힘이 인간 사회에 적용된다면?

철학자 허버트 스펜서의 연구는 사회진화론이라는 개념을 탄생시켰다. 스펜서는 다윈주의의 초창기 지지자였다. 그는 '적자생존'이라는 말로 자연선택을 요약했으며, 다윈은 그 말을 《종의 기원》 다섯 번째 판과 《인간의 유래와 성 선택》(1871)에서 채택했다. 스펜서는 더 나아가 적자생존 개념을 인간 사회에 적용하여 가난한 자들은 부적합하기 때문에 자연선택을 통해 제거되어야 한다고 주장했다.

스펜서 1820~1903
영국의 철학자. 그의 대표작 《종합철학체계》(전10권)는 성운의 생성에서 인간 사회의 도덕원리 전개까지 모든 것을 진화의 원리에 따라 서술한 책이다. 생물 진화론을 중심으로 하는 다윈주의 운동과 결합해서 많은 성과를 보았다.

　다른 사람들도 이 개념을 받아들였다. 이 개념의 가장 열렬한 지지자들은 미국 산업의 백만장자들이었다. 그들은 자신들의 거대한 부가 적자임을 증명해 준다고 믿었고, 치열한 경쟁과 덜 성공한 사람들을 냉정하게 무시하는 방식으로 세계의 모습이 만들어진다는 전망을 환영했다. 다윈도 진화의 힘이 인간 사회에 적용된다고 믿었다.

예를 들어, 티에라델푸에고의 원주민들이 지닌 문화는 더 강력한 서구 문화와 경쟁할 수 없기 때문에 소멸한다는 것이다. 그러나 비록 그가 인간의 도덕 감정이 신의 선물이 아니라 진화의 산물이라고 느꼈을지라도, 그는 사람들이 서로에 대해 도덕적 책임감을 갖고 있다는 점을 부인한 적이 결코 없었다. 그런데도 극단적인 형태의 사회진화론은 나치가 유대인과 소수 민족을 말살하려 했던 것처럼, 자신들을 인종적으로 우월하다고 믿는 사람들이 저지른 인종 말살을 정당화하는 데 이용되어 왔다.

진화는 항상 더 좋은 방향으로만 진행되는 것일까

또 다른 혼란은 진보 개념을 둘러싸고 일어난다. 진화는 종종 진보, 즉 특정한 방향으로의 움직임과 혼동되어 왔다. 라마르크의 진화론 같은 다윈 이전의 진화론들은 진화가 좀 더 하등한 것에서 좀 더 고등한 생명 형태로의 상향 발전이라고 보았다. 이런 발전관은 사람들이 진화, 특히 인간의 진화를 받아들이게끔 했다.

사람들은 자신들이 유인원에서 진화했다는 생각을 특히 좋아하지 않았다. 그러나 적어도 먼 자손이 더 우월한 존재가 될 것이라는 생각에 위안을 얻을 수 있었다. 그래서 다윈주의를 포용한 많은 성직자들은 진화는 야만 상태에서 시작된 인류가 더 고도로 진화한 영적 상태로 진보하는 것과 같다고 믿었다.

하버드대학교의 진화생물학자이자 다윈주의 역사가인 스티븐 제이 굴드는 다윈 자신이 진화와 진보의 차이를 철저하게 구분하지 않았다고 주장했다. 엄밀히 말해, 다윈의 자연선택 이론은 생물이 지역 환경의 변화에 적응한다고 말한다. 즉 결코 총체적인 진보나 개선 같은 특정 방향으로의 적응을 주장하지 않는다.

"다윈 이후 세계는 달라졌다"라고 현대 진화생물학자인 스티븐 제이 굴드는 말한다. 굴드는 책과 논문들을 통해 과학도가 아닌 많은 사람들에게 다윈과 진화학을 소개해 왔다.

다윈은 1872년 미국 고생물학자인 앨피어스 하이엇에게 "오랜 심사숙고 끝에, 나는 타고난 어떠한 진보적인 발달 성향이란 존재하지 않는다고 확신하게 되었습니다"라고 편지를 썼다. 하지만 다윈은 산업, 제국, 사회의 진보를 자랑하던 시대에 살고 있었으며, 변화가 개선을 의미한다는 당시 일반적인 개념에 전혀 흔들리지 않을 수 없었다.

따라서 그의 말 가운데에는 진화가 진보라는, 즉 생물이 단지 달라지는 것이 아니라 더 나아진다는 주장으로 들릴 수 있는 것도 있었다. 그 결과 진화를 진보라고 보는 사람들과 진화를 총체적 방향성 없는 변화라고 보는 사람들 두 진영 모두 다윈을 인용하게 되었다.

오늘날 대다수의 과학자들은 후자의 관점을 선호한다. 진화는 변화를 의미하며, 반드시 좀 더 높은 상태로의 진보를 뜻하는 것은 아니다.

지금까지도 진행되는 종교와의 갈등

가장 완고하게 다윈주의를 반대해 온 쪽은 종교였다. 진화와 종교의 갈등은 1860년의 유명했던 옥스퍼드 논쟁으로 끝난 것이 아니었다. 다윈의 사상이 종교적 믿음에 위배된다고 생각하는 이들은 오랜 세월 그 사상을 계속 거부해 왔다.

이 감정은 20세기 초 미국에서 일어난 기독교 근본주의 운동에서 특히 강하게 나타났다. '근본주의자'라는 단어는 한 침례교 편집자가 전통 기독교의 '위대한 근본'을 위해 투쟁하는 사람들을 지칭하기 위해 만든 말이다. 이 근본주의 신앙 가운데 하나는 성경에 과학적 진리가 쓰여 있다는 것이다. 비록 초기 근본주의의 지도자들 중에는 진화를 받아들이고, 그것이 그들의 신앙에 부합한다는 것을 발견한 사람도 몇몇 있었지만, 1920년대 들어서자 근본주의는 다윈주의에 맞서 십자군 전쟁을 준비했다.

스콥스 재판

그 문제는 1925년 테네시주의 법정까지 갔다. 존 스콥스라는 공립고등학교 교사가 학교에서 인간 진화를 가르치는 것을 금지하는 주의 새 법이 발효된 뒤에도, 인간 진화를 계속 가르쳤다는 죄목으로 재판에 회부된 것이다. 사실 스콥스는 모든 국민이 그 문제에 관심을 기울이게 하기 위해 일부러 법을 어겼다. 미국시민자유연합은 그 법이 표현의 자유를 침해했다고 주장했다.

스콥스 재판은 과학사의 획기적인 사건이었다. 어떤 사람들은 인류의 기원에 관한 다윈의 관점을 빗대어, 그것을 '원숭이 재판'이라고 부르기도 했다.

재판은 유명한 정치 연설가이자 세련되고 박식한 근본주의자인 윌리엄 제닝스 브라이언 검사와 스콥스의 변호를 맡은 클래런스 대로 변호사의 대결이 되었다. 또 한 명의 주역은 법정에서 일어난 일들을 재치 있는 이야기로 포착하여, 브라이언을 거드름 피우는 수다쟁이로, 대로를 재기 넘치는 자유 사상가로 묘사한 젊은 취재 기자 H. L. 멩켄이었다.

예상대로 스콥스는 재판에서 졌다. 그는 자신이 법을 어겼다는 점을 인정했다. 비록 나중에 법적 절차 때문에 판결이 뒤집어지긴 했지만, 그는 유죄 판결을 받고 100달러의 벌금을 내야 했다. 그렇지만 더 넓은 의미에서 그 재판은 사상의 전투였으며, 누가 승리했는지는 그렇게 명확하지 않다.

브라이언은 성경이 신의 말씀이며, 인간이 해석할 대상이 아니라고 주장했다. 그러나 대로의 반대신문에서 브라이언은 자신이 성경을 해석했다는 것을 인정해야만 했다.

예를 들어 브라이언은, 성경 구절은 태양이 지구 주위를 돈다고 암시하는 듯하나 자신은 그것을 믿지 않는다고 시인했다. 그러자 대로는 일단 한번 해석하게 되면, 수천 번도 할 수 있다고 지적했다. 재판에서 이긴 브라이언과 그의 지지자들은 편협하고 고집쟁이 같은 모습으로 소란스러운 사람들 사이를 빠져나갔다. 그리고 사람들에게 진화는 전보다 더 존중할 만한 것으로 보였다. 테네시주의 그 법은 1967년까지 남아 있었지만, 시행되지는 않았다. 과학자들은 논리의 힘과 지적 자유가 승리한 그날을 자축했다. 그러나 그 자축은 성급했다.

창조론자와 진화론자의 끊임없는 갈등

다윈주의를 향한 근본주의자들의 반대는 계속되었고, 1970년대 이후 근본주의 집단—이들은 생명이 기적적으로 창조되었다고 확신하기 때문에 창조론자라고도 불린다—은 수많은 학교에서 활동하며 진화생물학의 대안으로 자신들이 '창조과학'이라고 정한 것을 계속 가르치려고 했다. 창조과학은 지구와 생명의 역사를 창세기에 어긋나지 않는 방식으로 설명하려 한다. 그러나 법원은 창조과학은 과학이 아니라 종교이며, 따라서 공립학교 교실에서는 가르치지 말아야 한다고 판결했다.

창조론자와 진화론자의 논쟁은 뜨겁게 달아올라 있다. 창조론자들은 진화론이 영적 믿음의 핵심을 공격한다고 느끼며, 자신의 아이들이 종교 교리와 맞지 않는 것을 배우는 것을 거부한다.

한편, 진화론자들은 그 현안의 핵심이 이론, 사실, 신념의 차이에 있다고 주장한다. 진화는 이론, 즉 관찰 가능한 현상을 설명하는 개념이다. 지질학적 기록, 종 사이의 구조적 관계, 야생의 동식물과 기르는 동식물 양쪽에 나타나는 변이 같은 수많은 사실들이 그 이론을 뒷받침한다. 그리고 다른 이론과 마찬가지로 이 이론도 융통성을 띤다. 새로운 사실이 나타나면 그것을 설명하기 위해 수정될 수 있고 또 그래 왔다.

반면에 성경의 창조 이야기는 사실을 통해 지탱되는 것이 아니다. 그 이야기는 잘 알려진 수많은 사실들과 모순된다. 그것은 믿음이나 신념의 토대를 형성할 수는 있을지 몰라도, 과학 이론의 토대는 될 수 없다. 신념은 증거를 요구하지 않는다.

과학과 다윈주의의 갈등

다윈주의는 종교뿐 아니라 과학 쪽의 반대에도 부딪혀 왔다. 다윈도 알고 있었듯이, 가장 큰 장애는 어떻게 형질이 부모로부터 자손에게 전달되는지 모른다는 점이었다.

그레고어 멘델은 1850~1860년대에 식물 교배 실험을 통해 그 문제를 해결하려고 연구했지만, 그의 연구는 20세기 초까지 거의 알려지지 않았다. 유전 법칙은 20세기 초가 되어서야 형식을 갖추기 시작했다. 같은 시기에 세포생물학 분야에서 큰 발전이 이루어졌고, 곧 과학자들은 형질의 유전이 특정한 세포와 연관되어 있다고 판단했다. 그 결과 생물과 집단의 유전과 변이를 다루는 학문인 유전학이 탄생했다.

1960년대에 데옥시리보핵산 즉 DNA가 발견되었고, 분자유전학이라는 현대 과학이 탄생했다. 인산과 당이 끈처럼 길게 연결된 물질인 DNA는 생명의 토대인 유전 정보를 지니고 있다. DNA를 통해 부모의 유전 정보는 서로 결합되어 자손에게 전달된다.

다윈이 살아 있던 시기와 그 후 몇 년 동안, 진화는 자연선택보다 훨씬 더 쉽게 받아들여졌다. 종이 진화했다는 확실한 증거는 있었지만, 진화의 원리는 그렇게 명확하지 않았기 때문이다. 19세기의 마지막 10여 년과 20세기 초의 몇 년 동안, 과학자들은 자연선택을 무시하거나 경시한 수많은 진화 개념을 내놓았다. 한동안은 다윈이 주장한 작은 변화의 장기적인 축적보다 생물 구조의 급작스러운 극적 변화인 돌연변이가 진화의 원인이라고 믿기도 했다. 그러다가 1920~1930년대 들어서 유전학자들이 몇몇 생물에게 나타나는 작은 변화가 거대한 집단을 변화시킬 수 있다는 것을 증명하자, 자연선택은 다시 수면으로 떠올랐다.

'신다윈주의'의 탄생

1940년경, 러시아계 미국 유전학자인 테오도시우스 도브잔스키와 토머스 헉슬리의 손자인 생물학자 줄리언 헉슬리를 비롯한 과학자들은 다윈의 자연선택 개념과 멘델 유전학, 고생물학, 기타 분야에서 이루어진 새로운 연구 결과들을 함께 묶어 '새로운 종합'이라고 불리는 종합 이론, 즉 '신다윈주의'를 제창했다.

새로운 종합의 선도적인 대변자는 생물학자인 에른스트 마이어다. 그는 다윈을 이렇게 평했다.

"우리는 끊임없이 그에게로 되돌아간다. 이유는 그가 대담하고 지적인 사상가로서 계속해서 우리의 기원에 관한 심오한 질문을 제기했기 때문이며, 헌신적이고 혁신적인 과학자로서 명석하고 세계를 뒤흔든 대답을 내놓았기 때문이다."

오늘날 대다수의 과학자들은 진화를 사실로 받아들인다. 그러나 진화생물학은 새로운 종합에 도달한 뒤에도 멈추지 않았다.

1940년대 이후, 진화 과학의 새로운 탐구 영역들이 개척되어 왔다. 과학자들은 진화가 일어난 속도와 진화를 일으키는 원인을 탐구할 중요한 개념들을 도출했다.

그들은 진화에서 우연, 운, 우연한 상황이 어떤 역할을 하는지 논쟁을 벌이고 있다. 그들은 자연선택의 중요도에도 의문을 제기하며, 보완하는 역할을 하는 다른 변화 원인을 제시하고 있다. 또 그들은 유전학에서 얻은 방법을 이용하여 종이 언제 다른 종으로 갈라져 나가는지 판단한다. 그리고 새로운 화석 증거들을 연구함으로써 자연계에서 인류의 위치가 어디인지 파악하기 위해 노력하고 있다.

사회생물학으로서의 발전

영국의 리처드 도킨스나 미국의 에드워드 윌슨 같은 생물학자들은 인간과 동물의 행동을 진화의 관점에서 설명하는 사회생물학 개념을 발전시키고 있다. 사회생물학자들은 일부일처제나 자기 희생 같은 특징들을 설명한다.

예를 들어 새가 잡아먹힐 위험을 무릅쓰면서도 포식자의 주의를 끌기 위해 소리를 질러 다른 새들에게 위험을 경고하는 행동은 가까운 친척들의 유전 물질을 보전하기 위해서일지도 모른다는 것이다.

진화생물학의 새로운 이론들이 제기되고 검증되는 동안, 진화 역사가들은 축적되는 자료들을 모아 다윈 사상을 더 정확하게 파악하려 한다.

 이 모든 활동은 다윈 자신이 했던 끊임없는 실험과 개선의 연장이다. 다윈은 과학이 결코 멈추지 않는다는 것을 알았다. 한 연구자의 결론은 후대 연구자들의 출발점이 된다.

 오늘의 진화 탐구자들은 다윈의 열정을 공유하고 있다. 다윈의 친구이자 동료인 앨프리드 러셀 월리스가 "살아 있는 것들이 펼치는, 다양하고 복잡한 현상들의 원인을 발견하고자 하는 그의 지칠 줄 모르는 갈망"이라고 말한 품성을 말이다.

런던 자연사 박물관의 찰스 다윈 조각상

유전은 혼합되어 자손에서 나타나는가?

다윈이 결코 스스로 만족할 만큼 이해하지 못했던 진화의 한 측면은 유전, 즉 형질이 한 생물로부터 자손에게 전달되는 과정이었다.

유전은 확실히 존재한다. 하지만 어떻게 존재하는가?

역설적으로 유전 이해의 열쇠는 다윈이 살았던 당시에 발견되었다. 하지만 그는 그것에 전혀 주의를 기울이지 않았다. 그것은 세상에 알려지지 않은 오스트리아의 수도사이자 자연사학자였던 그레고어 멘델의 연구 속에 들어 있었다.

멘델은 1850년부터 15년 동안 품종 간의 교배나 식물 잡종의 교배 실험을 수천 번 수행했다. 그는 키가 큰 것과 작은 것, 두 종류의 완두를 사용했다. 그는 키가 큰 것과 작은 것을 교배하면, 모든 자손이 키가 크다는 것을 발견했다. 그러나 2세대의 자손 둘을 교배하자, 3세대에서는 키 작은 것이 하나, 키 큰 것이 셋의 비율로 나타났다.

당시 가장 우세했던 유전 개념은 부모의 형질이 균등하게 혼합되어 자손에게 나타난다는 것이었다. 이것은 1867년 스코틀랜드 공학자인 헨리 플레밍 젠킨(1853~1885)이 제기한 이른바 페인트 통 진화 문제를 일으켰다.

젠킨은 검은 페인트 한 방울을 흰색 페인트 통 속으로 떨어뜨리면 사라지는 것과 마찬가지로, 개체들이 지닌 변이는 곧 사라지거나 흩어져 주류 집단 속으로 돌아가므로 신종의 토대가 될 수 없다고 말했다.

1867년 젠킨이 자연선택을 반대하는 페인트 통 주장을 했을 당시, 멘델은 부모의 형질이 자손에게서 혼합되지 않는다는 것을 입증하는 실험을 이미 수천 번 한 상태였다. 젠킨을 비롯한 많은 사람들이 믿는 것처럼 유전이 혼합되는 것이라면, 멘델의 키 큰 완두와 작은 완두의 교배로 나온 자손은 중간 키의 완두여야 할 것이다. 그러나 모든 자손들은 키가 큰 것이거나 작은 것이었고, 그중 키 큰 것이 더 많았다.

따라서 유전은 혼합되는 것이 아니며, 형질은 온전하게 유전된다. 이 형질이 자손들에게 배분되는 방식은 멘델이 우성과 열성이라고 부른 요인들에 좌우된다. 우성 형질(멘델의 완두에서는 큰 키)은 1세대의 자손 모두와 2세대의 자손 4분의 3에게 나타난다.

멘델이 자신의 발견을 얼마나 중요하게 생각했는지는 확실하지 않다. 1866년 그는 지역의 소규모 학술지에 자신의 발견 내용을 발표했다. 같은 해 그는 수도원장이 되었고 행정 업무 때문에 식물 실험을 포기해야 했다.

1884년 그가 죽자, 그의 노트와 논문들은 모두 폐기되었다. 몇몇 과학자들이 그 논문을 보기는 했지만, 거의 주의를 기울이지 않았다. 멘델이 거의 알려지지 않은 사람이기도 했고, 그의 발견이 널리 알려진 혼합 유전 개념에 맞지 않았기 때문이기도 했다.

하지만 1900년경, 유전 문제를 연구하던 몇몇 과학자들이 멘델의 논문이 지닌 중요성을 깨닫고 그의 유전 연구 방식을 따르기 시작했다. 곧이어 세포생물학이라는 새로운 학문이 등장했고, 연구자들은 유전이 부모로부터 자손에게 전달되는 유전자, 즉 유전 단위를 지닌 특수한 세포에 의해 통제된다는 사실을 발견했다.

1953년에 제임스 왓슨과 프랜시스 크릭은 그 유전 물질이 데옥시리보핵산(DNA) 분자로 이루어졌다는 것을 밝혔다. 유전 연구는 그레고어 멘델이 처음 완두를 심었던 때부터 한 세기 동안 엄청난 발전을 보였다. 하지만 분자유전학이라는 새 학문의 길을 닦은 것은 바로 그의 끈기 있는 실험 때문이었다.

그레고어 멘델 (1822~1884)
오스트리아의 유전학자이자 성직자. 농부의 아들로 태어나 자연과 친구였던 그는 1856년부터 7년 동안 '멘델의 법칙'을 발견하였다. 그러나 그의 대발견은 20세기까지 빛을 보지 못하다가 그가 죽은 후에야 각광을 받았다. 이 발견은 생물학사상 가장 훌륭한 업적의 하나로 꼽힌다. 주요 저서에는 《식물의 잡종에 관한 실험》이 있다.

· 연대기 ·

1809년	2월 12일 잉글랜드 슈루즈버리에서 출생하다.
1817년	어머니 사망하다.
1825년	슈루즈버리 학교에 다니다.
1827년	스코틀랜드 에든버러대학교에서 의학을 공부하다.
1831년	잉글랜드 케임브리지대학교에 다니다.
1836년	비글호를 타고 세계를 일주하다.
1837년	종의 변화에 관한 첫 노트를 쓰기 시작하다.
1838년	토머스 맬서스의 《인구론》을 읽다.
1839년	1월에 엠마 웨지우드와 결혼하다. 12월에 아들 윌리엄 태어나다. 처음 중병에 걸리다.
1839년	비글호 항해의 동물학을 다룬 다섯 권의 책을 편찬하다.
1842년	런던 외곽의 다운하우스로 이사하다.
1842년	비글호 항해의 지질학을 다룬 세 권의 책을 저술하다.
1844년	진화에 관한 미출판 원고를 저술하다.
1846년	따개비에 관한 연구 및 저술을 하다.

· Charles Darwin ·

1848년	아버지가 사망하다. 건강이 악화되다.
1851년	딸 애니가 사망하다.
1855년	진화에 관한 저서를 쓰기 시작하다.
1858년	다윈과 앨프리드 러셀 월리스의 진화론 논문이 런던의 린네학회에서 발표되다.
1859년	《종의 기원》을 출간하다.
1860년	옥스퍼드 영국과학협회 회의에서 진화 논쟁이 벌어지다.
1863년	병이 더욱 악화되다.
1868년	《기르는 동식물의 변이》가 출간되다.
1870년대	식물에 관한 다섯 권의 책이 출간되다.
1871년	《인간의 유래와 성 선택》이 출간되다.
1872년	《인간과 동물의 감정 표현》이 출간되다.
1881년	지렁이에 관한 책을 출간하다.
1882년	4월 19일 다운하우스에서 사망하다. 웨스트민스터 사원에 묻히다.

다윈
어떻게 진화를 알아냈을까?

초판 1쇄 발행 2025년 8월 20일

지은이 레베카 스테포프
옮긴이 이한음
책임편집 이기홍
디자인 윤철호 박다애

펴낸곳 (주)바다출판사
주소 서울시 마포구 성지1길 30 3층
전화 02-322-3675(편집) 02-322-3575(마케팅)
팩스 02-322-3858
이메일 badabooks@daum.net
홈페이지 www.badabooks.co.kr

ISBN 979-11-6689-329-2 03400